AI時代のクリエイティブ

河野 緑

AI の操り方と プロンプト 作成の コツ がわかる本

ソシム

はじめに

2023年、ChatGPTのユーザーが2ヶ月で1億ユーザーを超えて、
誰もが「AI」という言葉を知るようになりました。
毎日多くのAIツールが世に出て、
その加速は止まるところを知りません。

もちろんクリエイティブの世界でも、
驚くべき機能が次々リリースされて、
AIとの共生が当たり前になる未来が見えてきました。

本書では、AIとのスムーズな関係づくりに、

ちょっとしたコツやルールをたくさん盛り込みました。

実際に仕事に取り入れることを念頭に、

具体的なケースでわかりやすく紹介しています。

AIと仲良くなると、時短になることも多く、

あなたの時間をクリエイティブに使うことが増やせます。

本書がAIを楽しむきっかけになりましたら幸いです。

2024年2月　河野 緑

CONTENTS
目次

CHAPTER 1
対話型AIの活用 ・・・・・・・・・・・・・・・・・・ 013

1-1 対話型AIとは

1-2 ChatGPT

1-3 ぜひ利用したいWebブラウジング機能

1-4 プロンプト作成のコツ

CHAPTER 2
生成AIの現在地 ・・・・・・・・・・・・・・・・・・・・・・・・ 053

2-5 Adobe Express

2-6 Adobe Illustrator

2-7 Midjourney

2-8　Ideogram

CHAPTER 3
動画編集×AI

CHAPTER

1

対話型AIの活用

対話型AIとは

この章で紹介すること

　対話型AIは、人間との自然な会話を通じて情報提供や問題解決を行う人工知能システムです。顧客サービス、教育、エンターテインメントなど、幅広い分野で生活の中で利用されています。

　ここで紹介する**ChatGPTは、OpenAIによって開発された最先端の対話型AI**です。自然言語処理（NLP）技術の一種で、人間と自然な会話を行うことを目的としています。テキストや音声はもちろん、画像や書類データなど、さまざまな形で入力された人間の言葉や質問を理解します。

　クリエイティブな世界でも、ChatGPTを使うことで広がる可能性は無限です。企画や絵コンテを作成する際の壁打ちや情報収集、時には画像や書類データも添削して意見をもらいブラッシュアップすることも可能です。

　一度試してみると、そのスピード感、膨大なデータに瞬時にアクセスして返ってくる適切な回答、しかも何度聞いても（当たり前ですが）嫌な顔ひとつしません。「50のコピーを出して」と言えば、ものの数秒で返ってきます。

　技術は日々進化し、インターネットやスマホを使うのが当たり前のように、**AIを使うことも自然なことになっていく流れは止まりません。**

　AIから返ってくる回答の質は、私たちがいかにいい質問を投げかけるかにかかっています。この便利なツールをあなたの秘書、部下、副操縦士として使いこなし、仕事の効率や質をぐっと上げてみませんか。

CHAPTER

1-2

ChatGPT

1-2-1

GPT-3.5とGPT-4 バージョンの違い

　OpenAIによって訓練された大規模な言語モデル、ChatGPT。新しい機能やプラグインが次々リリースされ、進化し続ける対話型AIの代表です。まずはバージョンやプランの違いなどを見てみましょう。

項目	ChatGPT-3.5	ChatGPT-4
サービス名称	ChatGPT	
提供会社	OpenAI LP、OpenAI Inc	
公式URL	https://openai.com/blog/chatgpt	
料金	無料 (Free plan)	有料 (ChatGPT Plus(月額20ドル)へ のサブスク契約が必要)
登録	必要	必要
日本語の対応	対応	対応
知識のカットオフ	2022年1月	2023年4月 ＋Webブラウジング可能
備考	アメリカの司法試験合格 (下位10%)	アメリカの司法試験合格 (上位10%)

　手軽に無料で使えるGPT-3.5と最新プラグインに対応するGPT-4。その違いの例としてよく挙げられるのが、アメリカの司法試験の模擬試験の結果です。どちらも合格したのですが、成績が異なっているのです(上図参照)。

　実際に使い比べてみると、明らかに返答のクオリティは異なります。しかし、GPT-3.5はレスポンスが速く、またシンプルな受け答えの方が便利なときもあるため、うまく使い分けていくのがよいと思います。

1-3

ぜひ利用したい
Webブラウジング機能

1-3-1

ChatGPT4にはWebブラウジングが標準装備

　この本では、たとえば映像制作の企画を練るときの優秀なアシスタントとしてChatGPTを使います。ここで困るのが「私の情報は2021年9月までのもので、それ以降の情報は更新されていません」のフレーズです。

　ChatGPT3.5は2021年9月までの情報をベースに応答するため、たとえば2024年に新しく発表したサービスについては聞くことができないのです。

　有料プランのChatGPT Plusでは、ChatGPT4を使うことでインターネット検索に基づく回答の生成ができます。さらに、他のウェブサービスと連携できるプラグインが利用できるようになります。

　使ってみると大変便利で、参照元のリンクも表示されるので、裏を取りやすいのも仕事で使う上では重要。ぜひ利用したい機能です。

TIPS

「ハルシネーション」とは

「ハルシネーション（Hallucination）」という言葉があります。これは、**AIが事実に基づかない情報を生成する現象のこと**です。まるでAIがハルシネーション（幻覚）を見ているかのように、もっともらしい嘘を出力するため、このように呼ばれています。

そう、AIは息を吐くように自然に嘘をつく場合もあります。すぐ嘘とわかる場合はいいのですが、AIは嘘をつくのもとても上手。何度か遭遇すると、なおさら「裏取り重要」と感じるわけです。

ChatGPT Plusの利用を開始すると、画面左上のプルダウンメニューからChatGPTのバージョンが選択できるようになります。

ChatGPT4では画像生成サービスDALL-Eやブラウジングと分析が使えます。

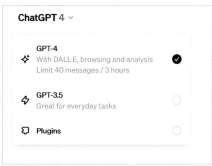

さらにプラグインが利用できるようになり、例えばPDFファイルから情報を取り出したり、YouTubeの内容を要約してくれるなど、多くの便利な機能が日々増えており、性能が大きく向上します。

GhatGPTはリサーチや分析が得意分野です。

たとえば「Premiere Proのビューアガンマ問題」についてリサーチすると、即座に詳しい解説とソースを提示してくれました（次ページの図参照）。この時、英語で質問した方がより広い範囲の情報源からリサーチしてくれるため、使い分けると大変便利です。

もちろん、一度のやりとりでは満足がいかない場合も多いので、さらに質問を掘り下げたり、違う方向から再度質問しながら欲しい答えを探っていきます。しかし、それでも自分では検索できなかったであろうリンク先を教えてくれたり、新たな発想を提示してくれます。

会話の中で情報源となるリンクを表示しない時もありますが、その場合は確認するとリサーチを始めます。

✏️ Answer

In English:

Premiere Pro has introduced a feature allowing users to select the viewer gamma setting. This feature is crucial because it determines how the video is displayed in terms of gamma, which is a measure of the luminance of the image. Premiere Pro supports three viewer gamma levels: Broadcast 2.4, Web 2.2, and QuickTime 1.96. Changing these settings alters the appearance of the image in the viewer, helping editors to match the output gamma to the intended display environment or standards of different platforms or devices. This is particularly important when dealing with issues like the Quicktime Gamma Shift Bug, where footage might look different across various players and devices due to gamma discrepancie [17] [17] [17] 】 .

和訳 (Japanese Translation):

Premiere Proでは、ユーザーがビューアガンマ設定を選択できる機能が導入されました。この機能は重要であり、ビデオがどのように表示されるか（特にガンマの観点から）を決定します。ガンマとは、画像の輝度を測る尺度です。Premiere Proは3つのビューアガンマレベルをサポートしています：Broadcast 2.4、Web 2.2、QuickTime 1.96です。これらの設定を変更すると、ビューア内の画像の見え方が変わり、編集者は出力ガンマを意図した表示環境や様々なプラットフォームやデバイスの標準に合わせることができます。これは、Quicktime Gamma Shift Bugのような問題を扱う際に特に重要です。このバグでは、ガンマの違いにより、様々なプレーヤーやデバイスで映像が異なって見えることがありま [17] [17] [17] 】 。

🌐 Sources

1. community.adobe.com - [Released] Now in beta: selectable Viewer Gamma
2. community.adobe.com - "Why does my footage look darker in Premiere?" Color Q&A
3. reddit.com - QT Gamma lut in 2023 : r/premiere
4. cined.com - Quicktime Gamma Shift Bug - What Is It and How to Combat It
5. cined.com - Adobe Premiere Pro 23.6 Announces Improved Color Management for ARRIRAW
6. digitalfilms.wordpress.com - Premiere Pro Tackles the Gamma Bug - digitalfilms

「Premiere Proのビューアガンマ問題に」ついて、ChatGPTで英語でリサーチした結果。即座に詳しい解説とソースを提示してくれた

プロンプト作成のコツ

1-4-1

プロンプトとは

ChatGPTなど、**AIへの質問文のことを「プロンプト」と言います。**

どんなふうに質問をするか、つまり、どんなプロンプトを作成するかで、答え
の内容や質が変わります。

リアルな日常会話の中でも、質問の仕方、言い方によって、引き出される答
えは変わりますよね。人間の場合も、AIの場合も、いい質問はいい答えを引
き出すということです。

ざっくりした質問にはざっくりした回答が返ってきます。明確な質問に詳細
な条件や情報を加えた質問には、それに相当する回答が返ってきます。

5兆語にもおよぶ膨大なデータで学習した、自然で人間らしい対話が可能
な人工知能とのやりとりの可能性は無限といっていいレベル。ただし、文字数
制限はあります。**GPT3.5は最大トークン数4K(3000字)、GPT4は最大トー
クン数32K(24000字)**ですが、何度でも質問して自分にとってベストな回答
を導き出しましょう。

ChatGPTをうまく操るには

では、早速やってみましょう。

あなたが、ある会社のプロモーションのための映像制作を頼まれたとします。まずは企画・構成のアイディア出しをして、そこからブラッシュアップしていくというのが通常の流れですが、これらをChatGPTを使ってやってみます。

役割を明確にする

ここでは、ソシム株式会社を例にします。

まず大切なのは、**Chat GPTの役割を明確にする**ことです。ここでは以下のようにしました。

> **PROMPT**
>
> あなたは優秀な映像ディレクターであり、マーケターです。また出版業界の専門家でもあり、出版のベストプラクティスを理解しています。

なんだかスーパー人物像ですが、AIにはこれくらい余裕でしょう。

このまま進めます。

目的を明確・具体的・簡潔に、質問ではなく指示を出す

プロンプト作成において、具体性はとても重要です。**こちらの希望を明確で具体的な言葉にしましょう。**そして、**簡潔にしたほうが結果が良くなる傾向にある**と思われます。

実際、Chat GPTに質問してみたところ、「質問はシンプルで簡潔なほうが良いです。長く複雑な質問よりも短く明確な質問のほうが、的確な回答を得やすいです」との回答が得られました。そこで、目的は以下にしました。

> **PROMPT**
>
> ソシム株式会社は多様な書籍を出版しています。全体のイメージアップのためにどのようなプロモーション映像を制作すればいいか、企画案を5つ出してください。

関連情報を提供する

知りたい情報の関連情報は詳しく提供する必要があります。詳しいほど、それを考慮した回答になるため、満足いく結果になる確率が上がります。

ここで、Webブラウジング機能が重要になります。ChatGPTの知識は2021年までの情報に基づいていますが、勝手にブラウジングしてリンク先も明示してくれるので、はるかに楽になります。そこで今回は、ソシム株式会社のURLを伝えることにします。

`1 - 4 - 3`

ChatGPTで企画案を作成する

ここまでのことをまとめてプロンプトにし、Chat GPTに質問してみます。

PROMPT

【役割】
あなたは優秀な映像ディレクターであり、マーケターです。
また出版業界の専門家でもあり、出版のベストプラクティスを理解しています。

【目的】
ソシム株式会社は多様な書籍を出版しています。全体のイメージアップのためにどのようなプロモーション映像を制作すればいいか、企画案を5つ出してください。

【関連情報】
https://www.socym.co.jp/

RESULT

ソシム株式会社のウェブサイトから得られた情報に基づき、以下に5つの映像プロモーションの企画案を提案します。

1. "ChatGPTと学ぶExcel VBA＆マクロ"　ドキュメンタリー
この映像では、ChatGPTを使用してExcel VBA＆マクロを学ぶユーザーの体験を描きます。ユーザーの学習プロセス、成功体験、そしてChatGPTの役割を強調します。

2. "ソシムの日々"
この映像では、ソシムの社員が日々どのように働き、どのように書籍を作成しているかを描きます。社員のインタビューや、書籍作成の裏側を見せることで、視聴者にソシムのブランドイメージを深めてもらいます。

3. "ソシムの書籍が生まれるまで"
この映像では、一冊の書籍がアイデアから完成品になるまでのプロセスを描きます。編集者、デザイナー、著者など、関わる人々の視点から物語を展開します。

4. "ソシムの書籍とその影響"
この映像では、ソシムの書籍が読者に与える影響を描きます。読者のインタビューや、書籍が人々の生活や仕事にどのように影響を与えているかを紹介します。

5. "ChatGPTと一緒に学ぶ未来"
この映像では、ChatGPTと一緒に学ぶ未来を描きます。AIが教育や学習にどのように革新をもたらすか、そしてソシムがその一部にどのように関与しているかを強調します。

これらの映像は、ソシムのブランドイメージを向上させ、視聴者にソシムの書籍やサービスについて深く理解してもらうことを目指しています。

ちょっと企画案の傾向が偏ったかな? という印象です。もっと他の案も見てみたいので、追加で質問していきます。

PROMPT

いいですね。あと5つの案をお願いします。

RESULT

もちろんです。以下にさらに5つの映像プロモーションの企画案を提案します。

1. "ソシムの歴史と成長"
この映像では、ソシムの創業から現在までの歴史と成長を描きます。重要なマイルストーン、挑戦、そして成功を強調し、視聴者にソシムの成長と進化を理解してもらいます。

2. "ソシムの著者たち"
この映像では、ソシムの書籍を書いた著者たちをフィーチャーします。彼らの創作プロセス、インスピレーション、そしてソシムとの協力体験について語ってもらいます。

3. "ソシムの書籍ジャンル紹介"
この映像では、ソシムが出版するさまざまなジャンルの書籍を紹介します。それぞれのジャンルがどのような読者に向けられているか、どのような価値を提供しているかを強調します。

4. "ソシムの社会貢献"
この映像では、ソシムがどのように社会貢献を行っているかを描きます。教育、環境、地域コミュニティなど、さまざまな分野での取り組みを紹介します。

5."ソシムのビジョンとミッション"
この映像では、ソシムのビジョンとミッションを強調します。ソシムが目指す未来と、それを達成するための戦略や取り組みを紹介します。

　このように、どんどん企画案を出してくれます。もちろん、実際の企画書に仕上げるためには、**このまま使うのではなく、これをドラフトにして、アイディアを膨らませていきます。**

　Chat GPTが提案してくれた案をたくさん見ていくことで、自分の頭の中が整理され、ブラッシュアップされていきます。ゼロからすべて自分で考えるより、明らかにスピーディー、かつハイクオリティな企画書に仕上がりそうですよね。

　ここでは「会社のイメージ映像」という大きなテーマでシミュレーションしてみましたが、特定の商品やサービスの場合は、もっと具体的な企画案がどんどん出てきそうです。また、企画案作成より前に行う**マーケティングにも大いに役立つことでしょう。**

　実際、筆者もクラウドタイプの新サービスの紹介映像を制作するときに、ChatGPTを使ってマーケティングを行い、企画書にまとめたところ、素晴らしい出来栄えと驚かれました。「弊社のこと、社内の者よりわかってるよ」と冗談交じりのコメントをいただいたこともあります。

　このようにしてChat GPTを使っていると、「どのようなプロンプトを投げるのがこの場合は効果的か」ということも、だんだんわかってきます。

　膨大な資料をまとめ企画案を練り上げることは、クリエイターにとって多くの時間を費やさざるをえない作業です。ここに**Chat GPTを活用することは、これからの時代、スピード面においてもクオリティ面においても、必要不可欠なことになるかもしれません。**

思い通りの回答を受け取るために

　何げない質問にも自然な会話で返してくれるChatGPT。気軽に相談するような使い方も楽しいかもしれません。でも、抽象的な質問には当たり障りのない優等生的な回答が返ってきてしまいます。

　ChatGPTは質問に対して、学習済みの膨大なデータから最も可能性の高い応答を出力する仕組みになっています。思い通りの答えを受け取るためには、ChatGPTの役割を明確にし、目的や条件を明記するなどのポイントを押さえることが大切です。条件を制限して範囲を狭めるほど、その範囲に応じた、希望により近い答えが返ってきます。

「役割」

　まず、どんな役割やスキルを持ったChatGPTに回答してほしいかを明確にしておきましょう。以下に例を挙げます。

PROMPT

ChatGPTの「役割」例

・優秀なプロンプトエンジニア
・国際的に認められたグラフィックデザイナー
・著名な映像ディレクター
・ベストセラーを多数選出する敏腕編集者
・先駆的なアニメーションクリエイター

　複数の立場の人から意見を貰いたいときは、それぞれの**具体的な立場を指定**します。複数の登場人物がいるときは、「**利点と欠点を含める**」など整理**しやすい条件を入れると効果的**です。また、リンクを見に行くプラグインを使っても、たまに検索せずに一般論を話し始めることがありますので、「**企業は(https://www.socym.co.jp/)必ず検索して確認してください**」の一文を入れると確実です。

PROMPT

企業のイメージアップと売上アップを目標に映像制作をします。
企業は(https://www.socym.co.jp/)を必ず検索して確認してください。
経験豊富なディレクター、クライアント企業、一般消費者の立場から、企画や意見を教えてください。それぞれの視点から見た利点と欠点を含めてください。

RESULT

ChatGPT

ソシム株式会社は、パソコン書籍、デザイン書籍、ビジネス実用書の専門出版社で、1994年に設立された家庭医学関連書の出版を手がける会社です。コンピュータ/IT関連書籍を中心に、デザイン書、ビジネス実用書、趣味系実用書など幅広いジャンルの出版に取り組んでいます。

経験豊富なディレクターの視点:

- 利点: ソシムの豊富な出版カテゴリーは、多様なオーディエンスにアプローチする映像コンテンツの企画に役立つ。特にITやデザイン分野に特化した内容は、技術的な精度と創造性を要求する視聴者に響く。
- 欠点: 専門性が高い分野に特化しすぎていると、一般消費者には難解になる可能性がある。内容を広く伝えるためには、専門用語の解説や、より広い視聴者にも理解しやすい表現が必要。

クライアント企業の視点:

- 利点: 専門的な出版物は、企業のブランドイメージを高め、知識リーダーとしての地位を確立するのに貢献する。映像コンテンツによって、書籍の内容をより魅力的に紹介し、読者との接点を増やすことができる。
- 欠点: ニッチな分野への集中は、市場の限定的なセグメントにのみ訴求するため、大規模な売上拡大にはつながりにくい。より幅広い市場にアピールするための戦略が必要。

一般消費者の視点:

- 利点: 専門知識を身近に感じられる資料を提供することで、学習意欲や専門分野への関心を高めることができる。映像コンテンツは、書籍の内容を理解しやすくする。
- 欠点: 専門用語が多いと理解が難しく、興味を持っても踏み込みにくいことがある。教育的価値を高めるためには、視聴者にとって分かりやすい説明が重要。

以上の点から、映像制作では、専門性の高い内容を一般消費者にも伝わるように工夫し、企業のブランド価値を高めながら、より幅広いオーディエンスにアプローチする戦略が重要になります。

ここからスタートして、それぞれの立場からより具体的な企画を立ててもらったり、話を深めていきます。一般論的な回答がきて物足りないときは、条件をより制限していきます。それでも平均点以上の回答が返ってくるので、複数意見を聞きながら自分の意見をブラッシュアップするのに役立ちます。いい質問ができて、うまく噛み合ったときは、かなりテンポ良く想像以上の応答を得ることができます。また、「必要な情報があればどんどん質問して」など、**逆質問を促すと上手くいく場合もあります。**

　また、「バズる」など比較的ライトな言葉を使って、それに応答してもらう方が欲しい応答に近づく場合もあります。
　次ページの例では、最初にライトな雰囲気のプロンプトで質問し、その後、「あと5つ」と何度かリクエストし、気に入る答えが出るまで考えてもらいました。

(https://www.socym.co.jp/book/1379)

この書籍※の売り上げ向上のために記事のタイトルを3つ考えて。ポジティブな魅力を感じるけど、優等生ではないテイスト。SNSで強い印象を与えてバズりやすいやつ。

※『イラレユーザーのためのAfter Effects入門』(河野 緑 著／ソシム／2022)

You
あと5つ考えて

ChatGPT
以下は、さらに5つの記事のタイトル案です。これらは、イラレユーザーがAfter Effectsを学ぶことの魅力と可能性を強調し、SNSでの注目を集めやすい内容になっています。

1. 「イラレのスキルを動画で飛躍させる！After Effectsで始める魔法のような表現」
   - イラレでの基本スキルを活かし、After Effectsを用いて動画制作に挑戦することで、想像以上のクリエイティブな作品を生み出す楽しさを伝えます。
2. 「静かな画像に命を吹き込む：イラレユーザーのためのAfter Effectsガイド」
   - 静止画に新たな命を吹き込み、動きのあるアートワークを作成する過程を紹介し、視覚的な魅力を最大限に引き出す方法を提案します。
3. 「動画制作は難しくない！イラレからAfter Effectsへのスムーズな移行術」
   - イラレの知識を基に、After Effectsでの動画制作へとスムーズに移行するためのコツやテクニックを解説し、初心者でも挑戦しやすい内容を提供します。
4. 「あなたのデザインを動かす魔法：イラレからAfter Effectsへの冒険」
   - 自分のデザインを動かすことの魅力と、それを実現するためのAfter Effectsの基本的な使い方を紹介し、クリエイティブな冒険へと誘います。
5. 「イラレユーザー必見！After Effectsで開く、新たなクリエイティブの世界」
   - After Effectsを学ぶことで、イラレユーザーがどのように新たなクリエイティブの可能性に触れることができるのかを示し、動画制作への興味を刺激します。

これらのタイトルは、イラレユーザーがAfter Effectsを学ぶことの楽しさや、クリエイティブな表現の新たな可能性を強調することを目的としています。読者の好奇心を刺激し、書籍に対する関心を高めることが期待されます。

「目的＋条件」

　欲しい答えを得るためには、どんな回答が欲しいか（目的）と条件も具体的にオーダーすることも大切です。

PROMPT

「目的＋条件」の例

・○○のためにキャッチコピーを考えてほしい。50個出して
・この文章の要点を箇条書きで10個お願いします
・○○の構成案を○○○文字程度に要約してください
・表も使って説明してください
・中学生にわかるように説明して
・ブラッシュアップして3点出して
・自己採点もお願いします

「関連情報」

　さらに、あらかじめ知っておいてほしい情報がある場合には、前ページの例のように、参照URLなどを明記します。なお、ChatGPT4であれば、書類や画像をアップロードすることも可能です。

その他、より良いプロンプト作成のためのTIPS

　「役割」「目的＋条件」「関連情報」の他にも、知っておくと役立つプロンプト作成のコツを次ページにまとめました。

・質問や条件は短文、簡潔に

長すぎるプロンプトよりも、短い文で具体的で簡潔にまとめたほうが要点が明確に伝わります。

・英語でのやりとりが最も精度が高い

質問した言語によって精度が変わります。学習ソースの多くが英語であることから、英語でのやりとりが最も精度が高いと言われています。ブラウジング機能を使う場合も、英語で質問すると英語圏の広い範囲からリサーチを始めます。

・複数のターンで対話を行う

欲しい答えにたどり着くまでに、追加のやりとりや指示が必要です。

第2章の画像生成プロンプトづくりでも何度も試しながら気に入った画像を生成するのですが、ChatGPTも対話を進め、深めていくと、特に強調したい部分が伝わり満足のいく回答に出会えます。

・リサーチにはファクトチェック

リサーチ系の内容の場合、Webブラウジング機能やプラグインを活用し、必ずファクトチェックします。

・方向性がずれたときは再度条件をプロンプトに含める

トークンの上限を超えた場合になど、会話を続けていると、以前の会話を忘れたような答えが返ってくることがあります。その時は以前入力した条件をプロンプトに含めてもう一度指示してみましょう。

ChatGPTの便利な操作いろいろ

ChatGPTを使っていると「もっとこうすることができればいいのに」と思うこともあります。そんなときに役立つさまざまな機能の使い方を紹介します。

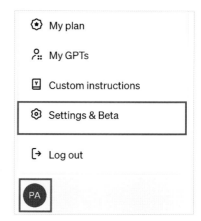

ChatGPTの設定画面は、画面左下の[**アカウント名**]>[**Settings & Beta**]をクリックすると開くことができます。

[**General**]タブには画面のカラーや言語などベーシックな設定があります。アーカイブしたチャットの整理や全部削除もここからできます。

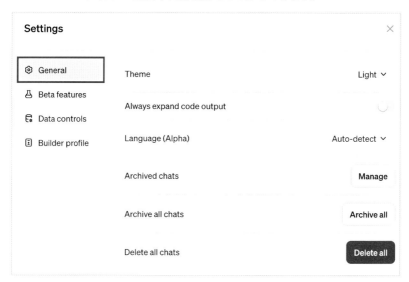

チャットタイトルは内容に合わせて自動的に設定されます。変更するには[…]>[Rename]をクリックします。個別削除もしたい場合は[Delete chat]をクリックします。

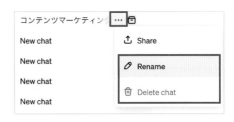

ChatGPTからの回答が途中で止まってしまうときは、[Continue Generating]をクリックします。「続けて」などの言葉を入力することで反応して再開する場合もあります。

プロンプト入力の際の改行は[Shift]+[Enter]キーを押します。質問の途中に[Enter]キーを押すと質問が送信されてしまいます。その時は、[Stop Generating]をクリックして回答の表示を中断し、やり直すことができます。

Custom instructions

[Custom instructions]は、プロンプトに入れたい項目を事前に設定できる機能です。この機能を使うと、毎回入れていた人物像や出力形式などが省略でき、効率的に使うことができます。

当初はChatGPT Plusユーザーのみに提供されていましたが、2023年8月からすべてのユーザーが利用できるようになりました。

この機能を使うには、画面左下の**[アカウント名]**>**[Custom instructions]**をクリックして設定画面を表示します。

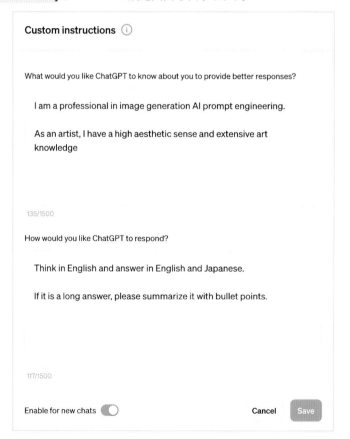

[Custom instructions]の設定画面には以下の2つの質問があります。

What would you like ChatGPT to know about you to provide better responses?

ChatGPTに知っておいてほしいこと（事前情報）を入力します。設定画面でChatGPTから表示される設定例も参考になります。

例：
・どんな専門知識を持っているかなどの人物像、役割
・使用する目的や目標
・興味がある分野やトピックを指定

ChatGPTから表示される設定例：
・どんなお仕事をしていますか?
・趣味は何ですか?
・何時間でも話せる話題は?
・あなたの目標は何ですか?

How would you like ChatGPT to respond.

ChatGPTにどのように回答してほしいか（出力方式）を入力します。希望する回答について、具体的な例や形式、希望するトーンなどを入れます。

例：
・箇条書きで10個出してください
・表やグラフを使って説明して
・中学生に理解できるようなトーンでアウトプットして
・○○のプログラミング言語を使って説明して
・○○○文字程度に要約して
・ブラッシュアップして3点出してなど

ChatGPTから表示される設定例：
・ChatGPTはどの程度フォーマルか、カジュアルか?
・返信の長さは?
・ChatGPTは意見を持つべきか、中立を保つべきか?

P.032の[**Custom instructions**]の設定画面は、AI画像作成のためのプロンプトを作りたいときに設定した一例です。

What would you like ChatGPT to know about you to provide better responses?

I am a professional in image generation AI prompt engineering.

（私は、画像生成AIプロンプトエンジニアリングの専門家です）

As an artist, I have a high aesthetic sense and extensive art knowledge.

（アーティストとして、高い美的センスと幅広い芸術知識を持っています）

How would you like ChatGPT to respond.

Think in English and answer in English and Japanese.

（英語で考え、英語と日本語で答えること）

If it is a long answer, please summarize it with bullet points.

（長い場合は簡条書きでまとめてください）

　この程度の設定でも、毎回前提から入力する手間が省けて、多くのプロンプトを作成するには十分効果がありました。

　もちろん試しながら調整していくわけですが、いい設定ができたと感じたら、用途別に保存しておくといいですね。

ChatGPTで企画書を作成する

　P.021〜023でChatGPTが提案してくれた企画案の中から、「ソシムのビジョンとミッション」というテーマをベースにして、企画書を作り込んでいきます。ChatGPTには、企画書作成のアシスタントをしてもらいます。

　契約スタイルにもよりますが、映像制作の企画書を作成するには、以下の項目などを入れていきます。

テーマ：ソシムのビジョンとミッション"

この映像では、ソシムのビジョンとミッションを強調します。ソシムが目指す未来と、それを達成するための戦略や取り組みを紹介します。

必要な項目：
・制作のメリット
・制作の目的
・市場調査
・配信プラットフォーム
・参考映像・参考デザイン
・構成案
・キャッチコピー　など

（撮影が伴う場合）
・台本
・絵コンテ
・ショットリスト
・小道具の一覧表

映像制作のメリット

　役割と制約条件は最初に設定済みなので、同じ条件で制作のメリットを聞いてみました。何度かやりとりしながら、希望の回答を得ていきます。

企画書を作成するお手伝いをしてください。
プロモーション**映像制作のメリット**を10点あげてください。

ChatGPT
プロモーション映像制作のメリットに関して、以下の10点を挙げることができます。これらのポイントは、ソシム株式会社のような多様な書籍を出版している企業の全体のイメージアップに役立つでしょう。

1. **ブランド認知度の向上** - 映像を通じて、ソシムの名前とロゴを視聴者に親しみやすくします。
2. **ビジョンとミッションの明確化** - 映像で企業の目指す未来とその達成のための戦略や取り組みを具体的に示すことで、企業の目的を明確に伝えます。
3. **感情的なつながりの創出** - ストーリーテリングや視覚効果を用いて、視聴者との感情的なつながりを作り出します。
4. **ターゲットオーディエンスの拡大** - ソーシャルメディアやウェブサイトなど、様々なプラットフォームでの共有を通じて、新たな読者層にリーチします。
5. **競争優位性の強化** - 独自のプロモーション映像を通じて、他の出版社との差別化を図ります。
6. **製品理解の促進** - 新刊や人気シリーズの書籍を映像内で紹介し、視聴者の製品理解を深めます。
7. **マーケティング戦略の多様化** - 映像コンテンツを用いることで、従来のテキストや静止画に依存したマーケティング手法から脱却します。
8. **エンゲージメントの向上** - 映像は視聴者の注意を引きやすく、コメントやシェアといったエンゲージメントを促進します。
9. **SEOの強化** - 映像コンテンツは検索エンジン最適化（SEO）にも寄与し、企業ウェブサイトの検索ランキングを向上させる可能性があります。
10. **長期的な価値の創出** - 一度制作した映像は、時間が経ってもその価値を保ち続け、繰り返し使用することができます。

これらのメリットを活かして、ソシム株式会社のプロモーション映像が、企業のビジョンとミッションを効果的に伝え、ブランドイメージの向上に貢献することが期待されます。

市場調査

　市場調査もさまざまな角度から実施できます。何度かやりとりをして以下の結果を得ることができました。

PROMPT

企画書に**市場調査**を入れるため、動画広告を見たことがきっかけで実際に商品を購入したことがある人は全体の何%か最新の情報を調べてください。

RESULT

 ChatGPT
I did a quick search for more information and here's what I found.

動画とネットショッピングに関する調査結果は、消費者の購買行動において動画が重要な役割を果たしていることを示しています。Googleの調査によると、世界中で55%以上のショッパーが実際の店舗内でショッピングをする際にオンライン動画を活用しています。消費者は製品の情報を得るため、または特定のブランドや製品を購入する決定を下す際に動画を参照しています [11] [11] 。

また、別の調査では、60%以上のショッパーがオンライン動画から購入アイデアやインスピレーションを得ていると報告しています。このことは、動画が消費者にとって重要な情報源であり、購入決定に大きく影響を与えていることを示しています [11]。

これらの調査結果は、マーケターやブランドにとって、動画コンテンツを通じて消費者にアプローチすることの重要性を強調しています。消費者は製品レビューやチュートリアル動画など、購入前に役立つ情報を提供する動画を求めており、これらの動画は購入意欲を高め、ブランドへの忠誠心を育む可能性があります。

したがって、動画コンテンツの作成やYouTubeでの広告活動に投資することは、消費者との関係を深め、製品の魅力を効果的に伝えるための有効な戦略と言えるでしょう。

ターゲット像/ペルソナ

　ターゲット像を絞り込むことで、そのペルソナを質問に組み込み、より精度の高い回答を期待します。

　まず、購買層について10例を 挙げてもらいました。その中から、さらに今回注目したいペルソナについて、詳しく分析してもらいます。

ソシム株式会社の書籍購買層について
ターゲット像を10挙げて

RESULT

🔘 **ChatGPT**
Based on ソシム株式会社の提供内容から、彼らの書籍購買層のターゲット像を以下のように考えることができます:

1. IT専門家や学習者
2. デザイン関連の職業に就く人々
3. ビジネス書に興味がある管理職や起業家
4. 教育関係者や学生
5. 技術的なスキルアップを図りたい人々
6. クリエイティブな趣味に関心がある個人
7. 最新技術トレンドに敏感な読者
8. 自己啓発に関心がある人々
9. ゲームやエンターテイメント関連の書籍を求めるゲーマー
10. 実用書や趣味の書籍を探している一般消費者

　ソシムの幅広い出版ラインナップを考慮すると、これらのターゲット層は、彼らが提供する多様なコンテンツに対する広範な興味とニーズを反映しています。

クリエイティブな趣味に関心がある個人のペルソナを詳しく分析して
年齢、職業、居住地、趣味、性別、など

 ChatGPT
クリエイティブな趣味に関心がある個人のペルソナ分析:

- **年齢**: 20代後半〜40代前半
- **職業**: グラフィックデザイナー、フリーランスのクリエイター、アートディレクター、教育関連の職業
- **居住地**: 都市部または郊外の住宅地、クリエイティブなコミュニティが盛んな地域
- **趣味**: 写真撮影、DIYプロジェクト、デジタルアート、イラスト作成、デザイン、ブログやSNSでの作品共有
- **性別**: 性別に限定しないが、自己表現とクリエイティビティを重視する傾向にある
- **その他の特徴**: 新しい技術やアートのトレンドに敏感、オンラインコミュニティやワークショップに参加してスキルアップを図る、環境や社会に配慮したライフスタイルに価値を置く

このペルソナは、クリエイティブな表現を通じて自己実現を求め、常に新しいインスピレーションを探し、技術を磨くことに興味があります。

CHAPTER 1　対話型AIの活用

台本と絵コンテ

　ペルソナに合わせてプロモーション映像のキャッチコピーを提案してもらいます。10個ずつ出してもらいながら、気に入ったものが出るまで続けます。

　コピーを決めたらそれに合わせた台本をオーダーしました。

PROMPT

「アイデアの灯りをともす。ソシムの本、あなたの心のスイッチ。」
このコピーに合わせて、1分間の映像の台本を作ってください。

RESULT

 ChatGPT
このキャッチコピー「アイデアの灯りをともす。ソシムの本、あなたの心のスイッチ。」に合わせた1分間の映像台本は以下の通りです：

[オープニングショット]

- 静かな部屋に一冊のソシムの本が置かれている。部屋はやや暗く、本が光源のようにぼんやりと輝いている。
- **ナレーション**：「アイデアの灯りをともす。」

[シーン1: アイデアの灯り]

- 画面が切り替わり、手にソシムの本を持つ人々のクローズアップ。ページをめくるたびに顔に明るい光が差し込む。
- **ナレーション**：「一つ一つのページが、あなたの想像力に火をつけます。」

[シーン2: 心のスイッチ]

- 様々な職業の人々がソシムの本を読んでいる様子。グラフィックデザイナー、フリーランスのクリエイター、アートディレクターなど、それぞれがインスピレーションを受けている。
- **ナレーション**：「ソシムの本、あなたの心のスイッチ。」

[シーン3: インスピレーション]

- 読者たちが新しいアイデアで何かを創作しているシーン。デジタルアートを作成したり、スケッチブックに描いたり、DIYプロジェクトに取り組んだり。
- **ナレーション**：「新しいアイデアで、未来を描き出しましょう。」

筆者はChatGPT Plusを使っていますので、シーンに合わせたコンテ案を
オーダーすると、DALL·E 2が画像を生成してしてくれます。一度で思い通りの
画像が生成されるとは限りませんが、ビジュアルイメージも同時に生成しなが
らやりとりできるのはとても便利です。

下の例は、はじめに壮大なシーンを提案されたので、予算の都合上、別の
提案を求め、追加質問で「この女性が、自宅のオフィスで本を手に持ちカメラ
に向かって微笑んでいるショットの画像も生成してください」で提案された画
像です。

ChatGPT

自宅のオフィスで本を手に持ち、カメラに向かって微笑んでいる女性の画像が生成さ
れました。この設定は快適でクリエイティブな要素が満載で、彼女の個人的および専
門的な興味を反映しています。背景には芸術的な装飾、快適な作業スペース、おそら
くコンピューターやスケッチパッドが見え、彼女の創造的な追求を示しています。こ
のシーンは、女性がインスピレーションと充実感を見つける個人的な作業スペースで
の喜びと満足感を捉えています。

［**インフォメーション**］ボタンを押すとプロンプトも表示されます。

打ち合わせ用の絵コンテとしては、十分内容を確認できるクオリティの絵コンテが完成しました。

撮影プランと小道具リスト

ショートムービーにはBロールと呼ばれるイメージショットが欠かせません。ChatGPTにBロールのショットリスト20、表形式で提供してもらいました。

PROMPT

いいですね。ここまでの映像にBロールも撮影したい。2人で撮影できるクリエイティブなショットのリストを20表形式で提供してください。

RESULT

ChatGPT

Bロール撮影のための2人で実現可能なクリエイティブなショットリストを以下に提供します。このリストは、撮影に多様性と創造性を加えるのに役立ちます。

No.	ショット内容
1	本を読んでいるところを肩越しに捉えたクローズアップショット
2	一人が本を読み、もう一人がその内容について話すシーン
3	本からインスピレーションを受けて、一緒に壁にアイデアをポストイットで貼り出すショット
4	ソファに座り、お互いに向かい合って本を読むショット
5	ラップトップを共有してクリエイティブなプロジェクトに取り組むショット
6	本を指差しながらディスカッションするミディアムショット
7	一人が本を読み、もう一人がそれを聞きながらスケッチするショット
8	カフェのテーブルで向かい合って座り、本を交換するショット
9	本のページをめくる手元のクローズアップショット
10	一緒に本棚から本を選ぶショット
11	本を読む隣で、もう一人がインスピレーションを受けて何かを書き留めるショット
12	自宅のオフィスで一緒にプロジェクトを計画するショット
13	本を基にしたアート作品を一緒に鑑賞するショット
14	一人が本を読み、もう一人がそれに基づいてデジタルアートを制作するショット
15	屋外で本を読むショット（公園や庭など）
16	ボードゲームやカードゲームをするショット（本に関連するトピックで）
17	本をテーマにしたクイズを出し合うショット
18	本の引用を読み合ってインスピレーションを共有するショット
19	クリエイティブなワークショップやセミナーに参加するショット（オンライン参加も含む）
20	お互いのお気に入りの本を紹介し合うショット

さらにこの後、小道具リストも20、そしてそれらの表形式はExcelデータとして出力してもらいました。

このリストをExcel形式で出力することはできますか？

 ChatGPT

⊘ Error analyzing ⌄

Excel形式での出力が完了しました。ただし、最後の行で未定義の変数を参照してしまいましたが、ファイルは正しく保存されています。以下のリンクからダウンロードできます：

クリエイティブなショットの小道具リスト（Excelファイル）[>-]

ChatGPT PlusのCode Interpreter機能

ChatGPT PlusのCode Interpreter機能は、データの読み込み・抽出と計算・グラフ作成など、さまざまな使い方ができます。

たとえば、絵コンテをPDFでアップロードし、「フィードバック」を頼むと、かなり的確に指摘してくれるので、ブラッシュアップに重宝します。質問だけでなく、改善点を質問するのもおすすめです。

 You

 【絵コンテ】愛犬用ロングリード紹介...
PDF

絵コンテを送るからフィードバックをして

ChatGPT

絵コンテのレビューに基づいて、以下のフィードバックを提供します：

- **ストーリーテリングの明確化**：絵コンテは、問題提起から解決策の提示、そして製品の特徴を際立たせるまでの流れがうまく描かれています。この流れにより、視聴者が製品の価値を直感的に理解できるようになっています。
- **ビジュアルの強化**：各シーンのビジュアルがストーリーをサポートしており、特に愛犬がのびのびと走る様子は視聴者の感情に訴えかけます。ただし、リードの機能性や耐久性を示すシーンでは、より詳細なビジュアルを用いることで、製品の信頼性をさらに高めることができます。
- **テキストとビジュアルのバランス**：ナレーションとビジュアルのバランスが良く、情報が過不足なく伝わるようになっています。しかし、製品のユニークな特徴をもう少し強調するために、キーシーンにおけるテキストの使い方を工夫するとより効果的かもしれません。

絵コンテの全体的な構成は非常によく、視聴者が製品の魅力を理解しやすいように作られています。これらの微調整により、さらに多くの視聴者に製品の価値を伝えることができるでしょう。

プラグインからGPTストアへ

1 - 5 - 1

ChatGPTをカスタマイズする「GPTs」

OpenAIは「**既存のプラグイン会話が続けられる最終日は2024年4月9日**」と、ChatGPTのプラグインベータ版の終了を発表しました。

今後、ユーザーは**GPTストアを活用**することで、さまざまなGPT技術を利用できるようになります（有料プランユーザーのみが利用できるサービス）。

GPTストアは、カスタムGPTを共有し、発見するためのマーケットプレイスです。このカスタムGPTは「**GPTs**」と呼ばれ、ユーザーはコーディングスキルがなくても、さまざまな機能（ウェブ検索、画像作成、データ分析など）を組み合わせたGPTを生成できます。iOSの「App Store」のような存在になっていくイメージでしょうか。

誰もがAIツールを構築し、共有することが可能になる、AI開発の民主化に向けた重要な一歩とも言われています。GPTsはマネタイズできることも、大きな話題となっており、すでに300万以上ものツールが公開されていますが、スタートして間もないこともあり、クオリティは玉石混交です。

左のツリーの「Explore GPT」をクリックすると、GPTストアが表示されます。検索バーで探したり、特集やトレンドなどキーワードごとに表示されているおすすめGPTsを試したりすることができます。

Super Describe

すぐに仕事に活用できるおすすめのGPTsをいくつか紹介します。まずは「**Super Describe**」です。

このGPTは、ユーザーがアップロードした画像を分析し、それに基づいたプロンプトを使用してDALLE-3で類似の詳細なディテールの画像を生成するImage to ImageのGPTです。画像のスタイル、色、技法、細部に焦点を当てて、アップロードされた画像にできるだけ近い新しい画像を作成します。

使い方はとてもシンプルで、画像をアップロードするだけ。生成すると、1792×1024pixの画像がダウンロードできます。

拡大してみると、確かに元画像を再解釈しつつ、かなりディテールの細かい画像が作成されました。色々試してみたくなるクオリティの高さです。

DALLE-3はChatGPT有料プランメンバーには解放されているため、追加料金なしで使えます。

Canva

オンラインデザインツールとして便利な「Canva」。GPTsのCanvaはさまざまなデザインを作成するお手伝いをするチャットボットです。作成したい具体的な内容を伝えると、それに合った**デザインの生成やテンプレート選択のサポートをしてくれます。**

試しに「映像制作のための企画書を作りたい」と聞いてみると、詳細について質問が返ってきました。盛り込みたい具体例を伝えれば、それに合ったテンプレートのサムネイルとリンク先を表示してくれます。

質問は何度も追加できるので、ここで気に入ったテンプレート例を出してもらってから、クリックしてCanvaに移動します。効率的にイメージに合ったテンプレートを探すことができます。

日本語で説明すると日本語版のテンプレートをメインで表示してくれます。求めるテイストにより使い分けると良いでしょう。

1.

- Blue & Yellow Minimalist Product Development Proposal.

2.

- Blue and White Minimalist Product Development Proposal.

3.

- Orange Simple Aesthetic Beauty Product Youtube Video.

4.

3.

4.

5.

HeyGen

「**HeyGen**」はアバターを使って動画を簡単に作成できるAIツールです。

GPTsのHeyGenは、その一部の機能を使って、ユーザーが提供する**トピック、アイデア、台本などからビデオを作成する**ことができます。

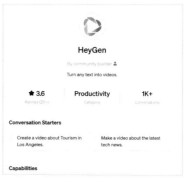

HeyGenのサイトでは登録後にプランを選択しますが、無料プランの場合は1クレジット(1分)の動画のみ再生可能です。具体的な時間制限は設けていないようなので、使い勝手を試したり、短い動画を作成してみるためには十分といえます。

下記のように試してみたところ、プロンプトの内容に合わせて映像が作成されました。クリックするとネット上で確認できます。もちろんダウンロードも可能です。アバターの口の動きはかなりリアルです。

PROMPT

「こんにちは、私はレモンが大好きです。レモンの魅力についてお話ししましょう」というテキストを話す、女性のアジア人のアバターを使って、「レモンの魅力」というタイトルのビデオを作ってほしい

▼

RESULT

また、「東京の観光に関する映像」というリクエストには、リアルな台本を生成して30秒程度にまとめてくれました。

◯ **HeyGen**
東京の観光についてのビデオを作成するため、以下のような日本語のスクリプトを用意しました。

スクリプト:

「東京へようこそ。ここでは古き良き伝統と最先端の技術が融合しています。東京スカイツリーからの壮大な景色を眺めたり、浅草寺で歴史を感じたりしましょう。渋谷のスクランブル交差点を歩いたり、原宿でポップカルチャーを体験したり。世界クラスの寿司を味わい、静かな日本庭園を散策し、秋葉原で未来的なショッピングを楽しんでください。東京は、歴史と文化、革新が交差する街です。今こそ、このダイナミックな都市での冒険を始めましょう。」

テキストを入れるだけでアバター映像が生成できるサービスはとても手軽で便利です。プレゼンや講習会でアバターに説明させる、バーチャルインフルエンサーを生成してSNSの宣伝広告等を作成するなど、さまざまな用途が考えられます。

オリジナルのアバターや音声を使う場合は有料プランの利用が必要です。また、このHeyGenの他に、操作の流れを確認するためのHeyGen GPTもあります。英語で会話する方が確実でしたが、HeyGen を使いこなすための質問に答えてくれます。

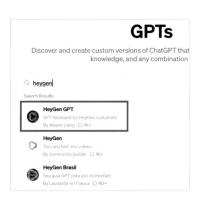

HeyGen × Canva

　AIアバターを「Canva」のデザインに導入した「**HeyGen×Canva**」もリリースされました。キャストを選んだりアップロードして、台本をテキスト入力すれば、**カメラやマイクも使わずに、音声付き動画を作成する**ことができます。会議や製品紹介など、広い範囲で自短とコスト削減に活躍しそうです。

　HeyGen株式会社は、AIテクノロジーを活用することで、ユーザーはより魅力的な動画を「10倍の速さ」で作成できると提案しています。

2

生成AIの現在地

生成AIとプロンプト

2-1-1
この章で紹介すること

　この章では、AIを使って画像や音楽、映像を生成する機能やサービスについて取り上げます。

　AI（人工知能）の進歩は目覚ましく、今や画像、音楽、映像などのクリエイティブなコンテンツも自動生成が可能です。生成AIとは、これらのコンテンツをAIが作り出す技術の一つであり、実用段階にも入っています。そのため、著作権問題も、今後の大きなテーマとなっています。

　第1章で取り上げたChatGPTをはじめ、AIはもはや特別なものではなく、インターネットやショッピングでも使われるほど身近なものとなっています。その中でも生成AIは、特にクリエイティブな分野での活用が進んでいて、プロフェッショナルから初心者まで幅広く利用されています。

　この章では、身近に試しやすい生成AI機能を選び、紹介しています。AIに出す命令文「プロンプト」についても具体例とともに解説します。AIの成長のために無料で試せるベータ版のサービスやアプリも多いので、ぜひ実際に体験してください。

2-1-2

生成AIで使うプロンプトとは

プロンプトとは、**AIに「こういう感じの画像を作って」と伝えるための指示やキーワードのこと**です。例えば、「猫」のひとことだけでもAIは画像を生成しますが、「3匹の猫、ベッドの上、幸せそうに寝ている」など、具体的に伝えることでAIは望む画像を作る手助けをしてくれます。

2-1-3

なぜプロンプトが必要なのか

AIは無限の可能性を持っていますが、人間の感じる感覚を完璧に理解するのは難しいので、**人間が思い描いているイメージをちゃんと作るために、「どんなふうに?」など具体的な指示が必要**になる場合があります。

さらに、カメラの設定や機種をプロンプトに盛り込むことで、シチュエーションや表情などを希望に近づけるために、さまざまなテクニックを使うことができます。

2-1-4

プロンプトエンジニアリングとは

「プロンプトエンジニアリング」とは、AIが最高の画像を作れるように、**プロンプトを工夫して指示する技術のこと**です。ただし、これは意外と難しく、正確な画像を作るためには専門的な知識や経験が必要になります。

同じプロンプトを使ってもそれぞれのサービスやアプリにより結果が異なったり、AIの学習が進むことで変化が生じたり。それも含め、変化や進化を楽しみながら使っていくことが、ストレスなくAIと仲良くなるコツかもしれません。

画像生成AI「Adobe Firefly」と「Midjourny」

画像生成AI「Adobe Firefly」「Midjourny」を使って生成してみます。なお、各AIの詳細やプロンプト作成のコツについては、次節以降で解説します。

PROMPT

Three cats sleeping happily on the bed
（訳：ベッドで幸せそうに眠る3匹の猫）

RESULT

Firefly Image2

Midjourney V5.2

PROMPT

Three kittens sleeping happily on the bed
（訳：ベッドで幸せそうに眠る3匹の子猫）

RESULT

Firefly Image2

Midjourney V5.2

PROMPT

Lots of flowers, product photos, patterns, drops, overlapping from above without gaps, girly style idea concept; high contrast photography
（訳：上からのアングルでガーリーテイストの花を敷き詰める背景を作成）

RESULT

Firefly Image2

Midjourney V5.2

Midjourneyは女性の入った画像も生成したので、ネガティブプロンプトを追加して、女性を入れないように指示してみました。しかし、それでも女性が入ってきたものもありました（右図）。複数の候補の中から気に入ったものの別バージョンを作成したりアップスケールして仕上げます。

RESULT

Midjourney V5.2

CHAPTER

2-2

Adobe Firefly
-プロンプト作成のコツ-

2-2-1

アドビの画像生成AI「Adobe Firefly」とは

Adobe Firefly（アドビファイアフライ）は、 デザインソフト最大手アメリカの**アドビ社の画像生成AIです。**

　画像生成AIとは、簡単な文章（プロンプト）をもとに画像や装飾文字を生成してくれるAIです。画像生成AIはFirefly以外にもさまざまありますが、そのほとんどは文字だけでプロンプトを作成して画像を生成します。しかし、**Fireflyは文字のプロンプトに加え、用意されているパラメーターから、ユーザーが適用度を調整したり、選択肢から選んだりして指示を出すこともできます。**パラメーターは画像付きでわかりやすいので、ユーザーは直感的な操作で画像生成ができるというのがFireflyの特徴です。

　Fireflyは画像生成AIとして単体として使うこともできますが、**Adobe Creative Cloudの他ソフト、Photoshopや Illustrator、Adobe Express**などと連携して使うこともできます。それらのソフトでFirefly機能を使うときの参考としても、パラメーターは活用できます。

プロンプトの基本構成

Fireflyの公式サイトでは「**少なくとも3つの単語を使用**」して「**主語、記述子、キーワードを含んだ、シンプルで直接的な言葉**」を使うことが推奨されています（「記述子」とはファイルを識別するための目印＝特徴の説明）。

たとえば、単語をひとつだけ、「ドラゴン」で生成してみます。パラメーターは以下のとおりに設定します。

・縦横比：ワイドスクリーン(16対9)
・コンテンツタイプ：写真
・視覚的な適用量：最大

すると、「プロンプトが短すぎます」とメッセージが表示されます。より具体的にプロンプトを作成ことで結果が向上するため、提案が表示されるようになっています。

プロンプトが短すぎます
最適な結果を得るには、作成したいものをより詳しく説明してください。もっと長いプロンプトを作成する場合は、プロンプトの提案をお試しください。

少し極端な例ではありますが、「ドラゴン」の単語だけを入力した結果の中にはドラゴンフルーツの画像も生成されていました。なるほど、そういう解釈もありますよね…。

プロンプト「ドラゴン」で生成されたドラゴンフルーツの画像

次に「**赤ちゃんドラゴン**」と入力してみると、イメージに近くなりました。単語は2つだけですが、Fireflyの生成する世界が見えてきます。

ちなみに「赤ちゃん、ドラゴン」と区切ると可愛くないものしか出なかったので、「赤ちゃんドラゴン」としました。

PROMPT

赤ちゃんドラゴン
（主語：ドラゴン、主語の特徴：赤ちゃん）

RESULT

また、英語と日本語では結果が異なるため、**日本語でうまくいかないときは英語にして再度生成すると上手くいくこともあります。**

また、現在は英語のみ対応ですが、プロンプトを入力すると候補の文章が表示されます。候補の中から選んで生成してみても面白いですね。

プロンプト候補（英語のみ） ⟳

a baby dragon is sitting on top of an egg

a baby dragon is looking at itself in an aquarium

a baby dragon is swimming with turtles by the pool

a baby dragon is laying down next to its lizard

a baby dragon is sleeping with his tongue sticking out

プロンプト

a baby dragon

 スタイルを消去 　🖼 アート ×

[コンテンツタイプ]を[アート]に変更し、「3Dレンダー」「可愛らしさ」のイメージを追加、プロンプトは英語で入力して生成してみました。

PROMPT

3D rendering, a baby dragon, Smooth skin, adorable big eyes
（追加キーワード：3Dレンダー、滑らかな肌、愛らしい大きな目）

RESULT

　「滑らかな肌」は、うろこが若干スムーズになった程度ですが、キャラクター設定も微妙に変化し、表情が愛くるしくなりました。

参照画像ギャラリー

[参照画像ギャラリー]は[スタイル]の中にあるパラメーターです。参照画像を選んで指定すると、そのイメージが結果に強く反映されます。見た目の印象を直感的なイメージで選べるので、いろいろ試してみることをおすすめします。

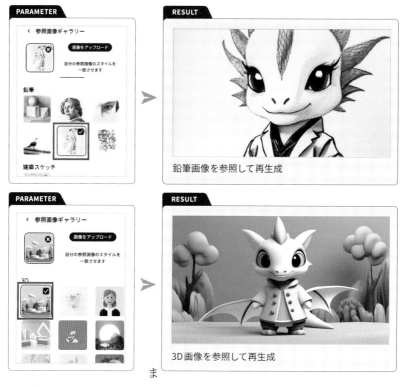

鉛筆画像を参照して再生成

3D画像を参照して再生成

また、**自分で描いたイラストや写真などを、参照画像としてアップロードすることもできます**。同じタッチのイラストが複数欲しいときや、同じライティングの別カット写真が欲しいときなど、さまざまなクリエイティブシーンで活用できそうです。

2-2-4

視覚的な適用量スライダー

　次は[コンテンツタイプ]の[視覚的な適用量]スライダーについて見ていきましょう。まずは、[視覚的な適用量]はデフォルトのまま、下記のプロンプトでもととなる画像を生成します。

PROMPT

> 主語：スマートフォンのモックアップとアクセサリー
> 主語の特徴：ビジネスとオフィスのセット
> キーワード：平らに置かれている

RESULT

　公式サイトによると[コンテンツタイプ]が[写真]の場合、[視覚的な適用量]は**左にいくほどリアル、右にいくほど超現実的となる**とのことです。

　また、[コンテンツタイプ]が[アート]の場合は、**左にいくほどデジタルアートに、右にいくほどイラスト風になります**。

　現時点では、中央（デフォルト）から右の間で調整すると良い結果が出ることが多く、**リアルな画像が欲しい場合は、中央（デフォルト）のままプロンプトで「realistic photography」などを使うのが効果的**でした。

コンテンツタイプ：写真
視覚的な適用量：右MAX。超現実的

コンテンツタイプ：写真
視覚的な適用量：左MAX。リアル＝盛らないシンプルな印象に

コンテンツタイプ：アート
視覚的な適用量：右MAX。イラスト風

コンテンツタイプ：アート
視覚的な適用量：中央。デフォルト

コンテンツタイプ：アート
視覚的な適用量：左MAX。デジタルアート

画像から除外（英語のみ）

　現在は英語版のみですが、特定の要素を除外するようにFireflyに指示することもできます。この指示は、**[詳細設定]**>**[画像から除外]**から行います。

　右の例では、2つあるコーヒーカップを1つにしたいため、**[画像から除外]**に「cup of coffee」と入力して**[Enter]**を押しました。するとタグが追加されました。なお、**タグは最大10個まで追加可能**です。除外した数はプロンプトの右下に表示されます。

　この設定で再生成すると、コーヒーカップが1つに変更されました。

画像から除外：cup of coffee

CHAPTER
2 - 3

Adobe Firefly

Adobe Fireflyのさまざまな可能性

2023年10月にAdobe FireflyはImage 2 Model(Ver.2)にアップデート
され、さらにパワーアップしました。

アドビではこのFireflyを副操縦士にたとえて、「ひとの創造性を高めるも
のであり、ひとと競合して代替するようなものではない」というコンセプトのも
とに開発が進められています。

確かに、クリエイターのリクエストを次々に形にしてくれる存在として、
Fireflyは最高の相棒になっていく可能性を強く感じます。

Fireflyの大きな特徴のひとつが、PhotoshopやIllustrator、Adobe
Expressなど、**Adobe Creative Cloudのアプリケーションソフトへ次々と
実装されている**ことです。Fireflyを実装することで、各アプリケーションでの
表現の幅、クオリティが驚くべき進化を遂げています。

もうひとつの特徴は、**著作権の問題を解消するための機能が含まれている**
ことです。具体的な利用例やツールの使い方に関する詳細は後述しますが、
生成AIの世界では著作権についてはまだまだグレーゾーンの領域が大きく、
今後どのように法整備されていくかということが注目されています。アドビは
10年以上も前からAIイノベーションへ取り組んでいるため、Fireflyは社会的
責任や透明性を柱にしたAI倫理原則に沿って開発されているのです。

ここではFirefly単体での使用方法のほか、Adobe Creative Cloudとの
統合によるFireflyのさまざまな可能性を取り上げていきます。

Adobe Fireflyの料金プラン

Adobe Fireflyは、無料プランとプレミアムプラン(有料)が用意されていて、**無料版でも商用利用が可能です。**

なお、PhotoshopなどCreative Cloudのアプリケーションと連携して使う場合は、各有料ツールと契約する必要があります。

Firefly単体の料金プランは下図のとおりです。なお、Adobe Creative Cloudをすでに利用されている場合は、追加料金なしでプレミアムプランを利用できます。また、生成クレジットの詳細についてはP.090を参照してください。

項目	無料プラン	プレミアムプラン
サービス名称	Adobe Firefly	
提供会社	Adobe Inc.	
公式URL	https://firefly.adobe.com/	
料金	無料	月々プラン680円/月(税込) 年間プラン6,780円/年(税込)
生成クレジット	25/月	100/月
フォント	なし	Adobe Fonts無料プランを使用可能
備考	生成した画像に透かしが入る	画像に透かしが入らない

※2024年2月時点
内容は変更になる場合があります。最新情報はウェブサイトでご確認ください
https://www.adobe.com/jp/

Fireflyの使い方（単体で使う場合）

Fireflyを単体で使う場合の使い方を紹介します。

1. Adobe Fireflyにアクセス

まず、Adobe Fireflyのウェブアプリにアクセスします。

https://firefly.adobe.com/

Firefly の機能一覧が表示されています。ここでは[**テキストから画像生成**]の[**生成**]ボタンをクリックします。

2. プロンプトテキストの入力

Firefly ギャラリーが表示され、世界中から送信された作品が並んでいます。下部にある[**プロンプト 生成したい画像の説明を入力してください**]にプロンプトを入力します。

ここでは「**熊とリスが森のカフェでお茶を楽しんでいる**」と入力して、[**生成**]ボタンをクリックします。

TIPS

興味のある画像の上にマウスをのせると、プロンプトが表示されます。
クリックすると、そのプロンプトに沿った4つのパターンが表示されます。そこから設定を変えたり更新したりすることができます。

熊とリスが森のカフェでお茶を楽しんでいる

イラストタイプの画像が4つ、表示されました。

設定について

　結果画像の右側に表示され
ている設定について見ていきま
しょう。

　一番上はモデルバージョンで
す。[Firefly Image 2]が選択
されています。

　その下はスタイルメニューで
す。Fireflyでは、すべてを文字
によるプロンプトで表現するの
ではなく、このスタイルメニュー
を使って細かいオーダーを出し
ていくところが特徴的です。画像
の縦横比やコンテンツタイプなど
を、自分で選んで画像を生成す
ることができます。文字だけの
長文プロンプトで表現するよりも
分かりやすいと感じる人も多い
かもしれません。

　スタイルメニューの変更で、雰
囲気はずいぶん変わっていきま
す。いろいろなパターンを試しな
がら希望のイメージに近づけて
いきましょう。

スタイルメニューを使用して、[**縦横比**] [**コンテンツタイプ**] [**スタイル**] [**効果**] [**カラーとトー
ン**] [**ライト**] [**合成**] などが適用できます（[**合成**]はあおりや俯瞰など画角を指定する項目）。
[**一致**] では、参照したい画像をアップロードしてスタイルを一致させることもできます。
また、[**コンテンツタイプ**] で [**写真**] を選んだ場合、[**写真設定**] という項目が追加され、[**絞
り**] [**シャッタースピード**] [**視野**] などをスライダーで調整できます。

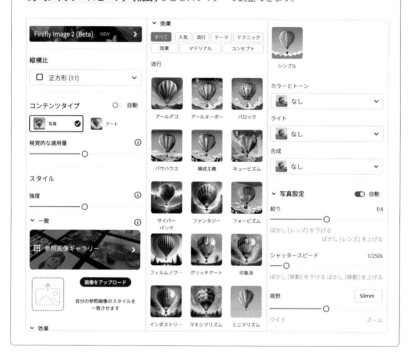

効果を指定する

　先ほど生成した「熊とリス〜」の画像は、コンテンツタイプは自動で[**アート**]になっていました。ここはこのままで、[**効果**]を変えてみます。

　実は効果、とっても種類が多いんです。タグで分けてありますが、[**流行**]のカテゴリを見てみましょう。蒸気機関が発展したレトロフューチャーな世界観を意味する[**Steampunk**]。この効果をつけてみます。さらに、[**カラーとトーン**]は[**落ち着いたカラー**]に、[**ライト**]は[**ドラマチックな照明**]にしてみます。

　なお、スタイルメニューを設定すると、**プロンプトにもタグが追加**されました。

[**生成**]ボタンを押すと、熊さんたちにややダークテイストの[**Steampunk**]効果が適用されました。

似た画像を生成する

生成された画像と似たような画像をさらに生成したい場合は、左上の**[編集]**ボタンから**[類似の項目を生成]**を選びます。

PROMPT

類似の項目を生成

RESULT

画像をダウンロードする

　気に入った画像が生成できたら、画像を[**ダウンロード**]、または[**ライブラリに保存**]しておきましょう。いったんキープしておきたい場合は[**お気に入り**](**☆マーク**)に登録しておきます。

　画像の上にカーソルを表示されるハートボタンをクリックすると[**お気に入り**]に登録できます。その左のボタンをクリックすると、画像を[**ダウンロード**]したり[**ライブラリーに保存**]したりすることができます。

　なお、ダウンロードする前には[**AIの透明性の促進**]の画面(右図)が表示されます。内容を確認し[**続行**]をクリックすると、画像がダウンロードされます。

　また、ダウンロードした**画像のファイル名にはプロンプトが使われます**。

ダウンロードした画像。ファイル名は「Firefly A bear and a squirrel are enjoying tea in a forest cafe 78292」になっている

ダウンロードした画像。ファイル名は「Firefly 熊とリスが森のカフェでお茶を楽しんでいる 38972」になっている

Fireflyの現在地

　P.059にも取り上げましたが、、Fireflyで効果的なテキストプロンプトを書くには**「シンプルで直接的な言葉を使用し、少なくとも3語を使用すること」**が推奨されています。

　確かに、あまりにプロンプトの単語が少ないと、思うような結果が出ないことが多いので、シンプルかつ詳しく説明した方が希望通りの結果に近づくと思われます。作成途中で結果を見ながら、プロンプトを追加・変更したりしながらコツをつかんでいくとよいでしょう。

　また、今の段階では、英語で説明すると結果がかなり変わることもあります。日本語の対応も日々進んでいるので、この辺りは今後どんどん変わっていく部分でしょう。

　2024年2月時点ではまだベータ版ですが、**ベクターイメージモデル**や**デザインイメージモデル**もリリースされました。

　ベクターイメージで生成されれば、そのままIllustratorで手を加えることも可能です。また、デザインイメージは自分の欲しいイメージのプリセットを作ってくれるもので、さらにそこから編集もできます。

　Fireflyはここまでのことを半自動で行ってくれるのですから、さまざまな**クリエイティブワークをスピーディーかつハイクオリティに行える**ようになるのは間違いなさそうです。さらに、**アイデアやインスピレーションのサポート**と言う意味でもパワフルに活用できそうです。

Firefly Image1とImage2について

Adobe Fireflyは執筆時点(2024年2月)では**Firefly Image 1**と**Firefly Image 2**がリリースされています。なお、Image 1と2では結果が大きく異なるため、希望の結果を得るためには両方試してみるといいでしょう。

Firefly Image1と2の切り替え方法

Fireflyのバージョンは右上の[**モデルバージョン**]をクリックして切り替えることができます。

Firefly Image1と2の違い

V1とV2の大きな違いは[**コンテンツタイプ**]です。**Firefly Image 1**では4種類から選択するのに対し、**Firefly Image 2**では[**アート**]　[**写真**]の2種類から選択し[**視覚的な適用量**]のスライダーで適用量を調整します。

[**コンテンツタイプ**]はどれを選ぶかで結果は大きく変わってきます。リアルなフォト系か、アート・イラスト系か、欲しいタイプを選択するようにしましょう。

参照画像機能を使う

プロンプトを入れて画像を生成したけど、何か違う…。そんなときは、その生成した画像を[参照画像]にして、バリエーションを作成してみましょう。

生成画像を参照画像に設定する

Firefly Image 1で生成した画像のバリエーションを作りたいときは、画像の左上にある[編集]ボタンから[参照画像に設定]を選びます。

選んだ画像が参照画像として設定され、再生成することができますが、このときスライダーを[プロンプト]または[参照画像]のどちらに移動させるかによって、結果に影響が出ます。

また、Firefly Image 2の場合は、[編集]ボタンから[スタイル参照として使用]を選ぶと、右側の[スタイル]に参照画像として追加されます。そして[強度]で適用量を調整します。

参照画像

参照画像を設定すると、生成結果に影響を与えます。新しい結果を確認するには、プロンプトを更新します。

Image 1で生成した画像のバリエーションを作る

　まず、**Firefly Image 1**で、プロンプト「ラ
ブラドール　子犬　走る」で画像を生成しま
す。その画像を参照画像にして、プロンプト
を「ラブラドール　黒い子犬　走る」に変更、
さらにスライダーを[**プロンプト**]に振り切っ
て生成してみます。

PROMPT

参考画像

ラブラドール　黒い子犬　走る
※参照画像のスライダーを[**プロンプト**]MAXに設定

RESULT

　すると、プロンプトに強く影響された結果が出ました。

Image 2で生成した画像のバリエーションを作る

Firefly Image 2でも試してみましょう。
先ほどと同じ「熊とリスが森のカフェでお茶
を楽しんでいる」のプロンプトで**[強度]**を
MAXにして生成してみます。

強度の違いで熊さんのファッションに変化
が見られました。

PROMPT

熊とリスが森のカフェでお茶を楽しんでいる

RESULT

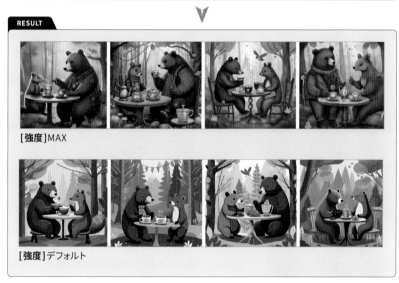

[強度]MAX

[強度]デフォルト

いろいろ試してみましたが、一番のお気に入り
はこちらです。

スタイル参照を活用する

　Fireflyを使っているうち、テキストプロンプトだけに頼った画像生成に限界を感じたり、画像を参考に「こんなトーンにしたい」と思うことがあります。そんなときに役立つのが**スタイル参照**です。

　使い方を見てみましょう。まずはドーナツの画像を生成します。

PROMPT

箱の中のカラフルなドーナツ

RESULT

これを昭和レトロな雰囲気にしたいので、右の画像を[参照画像]としてアップロードします。

アップロードの際、その作品の**権利を持っていることを確認するダイアログが表示されます**。これは著作権のページで詳しく説明しますが、Adobeは著作権保護を常に追求していて、セーフガードを設けています。

画像がアップロードされたら、[更新]ボタンをクリックします。

画像のアップロードについて

生成一致 (Beta) を使用すると、ユーザーは特定のスタイルをプロンプトに適用できます。サードパーティの画像でこのサービスを利用するには、その画像の使用権が必要です。また、アップロード履歴はサムネールとして保存されます。

キャンセル　続行

∨ 一致　　　　　　　　　　ⓘ

参照画像ギャラリー　>

画像をアップロード

自分の参照画像のスタイルを一致させます

4枚それぞれ違うタイプのものを提案してくれました。

RESULT

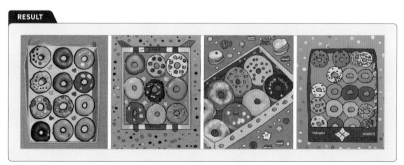

他にも試してみましょう。

女の子がジャンプしている写真。どのくらい、どんな感じでジャンプしているかを画像のスタイルで指定できるとイメージに近い動きにすぐに近づくことができます。

スタイル参照

17歳の女の子　2人　青空の下　海辺で楽しそうにジャンプ　後ろ姿
※参照画像はAdobe Stockより

　組み合わせがうまくいけば、イメージに近い素敵な画像を簡単に生成することができます。テキストプロンプト主流の中、この機能がこれからますます向上していくことに大きな可能性を感じました。

2-3-12

参照ギャラリーを活用する

次に[**参照画像ギャラリー**]を使ってみます。

たくさんの画像がジャンル別に用意されていますが、今回は3Dの中あるピンク系の画像を選んでみました。

パステルピンクの可愛らしいドーナツ画像になりました。

PROMPT

箱の中のカラフルなドーナツ
※[参照ギャラリー]の[3D]にあるピンク系画像を参照画像として設定

RESULT

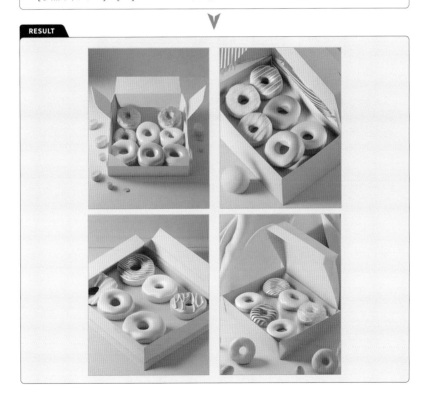

写真設定を活用する

[写真設定]では、実際の撮影の際にも重要な[絞り][シャッタースピード]
[視野]などを設定することができます。プロンプトに入れると効果的な項目
が、ほぼすべて、プルダウンやスライダー操作で設定できるのは、普段、あま
り写真撮影はしないというクリエイターの方にもユーザーフレンドリーなUIと
なっています。

PROMPT

東京　広い通りのカフェの外に座って美しい夜にコーヒーを飲む女性　逆光
※[ボケ効果]をオン、[ライト]を[バックライト]に設定

RESULT

上の作例では[写真設定]は[自動]に
しnow ていますが、[ボケ効果]をオンにして
いるため、[絞り]や[シャッタースピード]
が自動で変化しているのがわかります。

さらに変更を加えたい場合は[自動]
をオフにして自分で調整することもでき
ます。

ちなみに、**同じプロンプトでも日本語と英語では結果が変わってきます。**もし、イメージに合う画像がなかなか生成できないときは、プロンプトを英語にするという方法を試してみてもいいかもしれません。

PROMPT

French woman sitting outside a cafe in Paris drinking coffee on a beautiful evening, backlit
（訳：フランス　パリ　カフェの外に座って美しい夜にコーヒーを飲む女性　逆光）
※[ボケ効果]をオン、[ライト]を[バックライト]に設定

RESULT

生成クレジットについて

　2023年10月までは、Creative Cloud、Adobe Firefly、Adobe Express、Adobe Stockの有料サブスクライバーは、生成クレジット制限の対象になっていませんでしたが、2024年1月以降、**クレジット制限が適用される**ようになりました。

　プロンプトを入力して[**生成**]ボタンを押せば、画像が生成されますが、Adobe Fireflyではこの[**生成**]**ボタンを1回押すごとに1クレジットが消費される**料金プランになっています。なお、1回に4枚生成されても消費は1クレジットとなります。クレジットに関しては、以下の表のとおりです。

　コンプリートプランや単体プランを契約している人は上限を超えても使えますが、生成スピードは低下します。

Creative Cloud 個人向けプラン	月間の 生成クレジット
Creative Cloud コンプリートプラン	1000
Creative Cloud 単体プラン ・Illustrator、InDesign、Photoshop、Premiere Pro、After Effects、 　Audition、Animate、Adobe Dreamweaver、Adobe Stock、フォト 1TB	500
Creative Cloud 単体プラン ・Creative Cloud フォト 20 GB： 　・2023 年 11 月 1 日より前のサブスクリプション 　・2023 年 11 月 1 日以降のサブスクリプション	250 100
Creative Cloud 単体プラン ・Lightroom	100
Creative Cloud 単体プラン ・InCopy、Substance 3D Collection、Substance 3D Texturing、 　Acrobat Pro	25
Adobe ID をお持ちの無料ユーザー ・Adobe Express、Adobe Firefly、Creative Cloud	25

※2024年2月時点
　内容は変更になる場合があります。最新情報はウェブサイトでご確認ください
　https://www.adobe.com/jp/

著作権について

　生成AIで気になるのは、やはり著作権について。AIの商用利用について
は、質問も多く、誰もが気になるテーマです。

　特に生成AIに関しては、世界各国で著作権侵害の可能性やディープフェイ
クに関する懸念などが指摘されています。「商用利用OK」と言っても、参照元
の著作権をクリアしているかは別問題の場合が多いのが現状です。

　2023年4月開催のG7では「責任あるAI」を実現するためにG7が連携する
ことを確認し、各国温度差がある中で共通基準づくりを国際機関などに促す
方向と発表されました。

　アドビはAIの著作権について、開発当初から取り組んできたことを、まだ
今のように生成AIが一般的でなかった数年前に新聞記事で目にしたことが
印象に残っています。

　Adobe Fireflyは、**Adobe Stockの画像や一般に公開されているライセ
ンスコンテンツ、著作権が失効しているパブリックドメインコンテンツを学
習データの収集対象としていて、他のクリエイターやブランドのIP（知的財産
権）を侵害するようなコンテンツの生成を行わないよう設計されています。**

　また、ガイドラインに反する内容（暴力的、差別的など）にはメッセージが表
示され処理できないようになっています。

Adobe Fireflyでのコンテンツ認証情報

　「コンテンツ認証情報」とは、素材がどこから来たのか、誰がどのように作成
したのかといった情報を確認できる、作品に添付されるメタデータです。これ
によって透明性を高め、偽物や盗作が少なくなります。

　Fireflyで生成されたAIコンテンツには「コンテンツクレデンシャル」という
認証情報がつくので、商用利用も安心です。

現在はベータ版ですが、下記のサイトにアクセスし、画像をドロップすると、履歴、編集、帰属の詳細を確認できます。

https://contentcredentials.org/verify

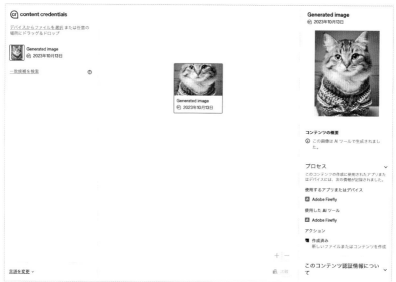

Adobe Photoshop

2-3-4

革命的に進化したPhotohsop

　2023年9月にv25.0が発表され、例年よりひと足早くメジャーアップデートされたPhotoshop。Fireflyのアップデートと足並みを揃えたようで、いよいよ**画像生成AI「生成塗りつぶし（Generative Fill）」が通常版Photoshopに搭載され、商用利用OKとなりました。**

　とにかく、そのクオリティの高さには驚かされるばかり。革命的な進化と感じている方も多いのではないでしょうか。

　そんなPhotoshopの生成AI関係の機能である「**生成拡張**」「**コンテンツを追加**」「**オブジェクトを削除**」の3つをご紹介します。

Ps **Adobe Photoshop**

© 1990-2024 Adobe. All rights reserved.

João Cunico によるアートワーク。詳細および法律上の注意については、「Photoshop について」画面にアクセスしてください。

環境設定を読み込んでいます...

Russell Williams, Thomas Knoll, John Knoll, Mark Hamburg, Jackie Lincoln-Owyang, Alan Erickson, Sarah Kong, Jerry Harris, Mike Shaw, Thomas Ruark, Yukie Takahashi, David Dobish, John Peterson, Adam Jerugim, Yuko Kagita, Foster Brereton, Meredith Payne Stotzner, Tai Luxon, Vinod Balakrishnan, Maria Yap, Pam Clark, Steve Guilhamet, David Hackel, Eric Floch, Judy Lee, Kevin Hopps, Barkin Aygun, Claudia Rodriguez, Yuqian Zhou, Charles F. Rose III, Heewoo Ahn, David Tristram, Jonathan Lo, Melissa Monroe, Damon Lapoint, Seth Shaw, Neha Sharan

 Adobe Creative Cloud

生成拡張

「生成拡張」は画像を好きなサイズに拡張できる機能です。どのような機能か見てみましょう。

まずは、Photoshopで画像を開き、カンバスサイズを希望のサイズまで広げます。カンバスサイズを広げたら、元画像の位置を調整しておきましょう。

元となる画像をPhotoshopで開く

カンバスサイズを広げ、画像の位置を調整した

カンバスの下に表示されている**コンテキストタスクバー**に[**生**

成]ボタンがあります。なお、このコンテキストバーは、ワークフローで関連性が高いと思われる次のステップを表示してくれます。作業の内容に沿って動いてくれるので、うまく活用すれば時短になりますね。

今回はプロンプトは何も入力せず[**生成**]ボタンをクリックします。[**生成中**]ダイアログが表示されます。

真っ白だったカンバスが風景で塗りつぶされました。元の写真にうまく馴染んでいてリアルな印象です。

　1回の生成で3つのバリエーションが生成されるので、それぞれクリックして確認します。もし気に入ったものがなければ、同じ操作を繰り返し、さらに3つのバリエーションを生成しましょう。

　Fireflyで生成されるビットマップ画像は現在のところ、正方形で2048×2048px、縦横ともに4:3で1792×2304px、ワイド(16:9)で2688×1536pxですが、Photoshopで取り扱いができるファイルサイズであれば原則、塗りつぶしによって生成される個所の解像度はベースの画像に準じるものとなります。4K(3840px)画像で確認したところ鮮明な画像が生成されました。

　今後もさらに進化していくことが期待されます。

コンテンツを追加

「コンテンツを追加」は画像内の領域を選択し、テキストプロンプトを使用して、なかったものを追加したり置き換えられたりする機能です。どのような機能か見てみましょう。

デンマークの街並みの写真です。まずはカンバスサイズを希望のサイズまで広げ、前ページで紹介した「生成拡張」機能で背景を生成します。

PROMPT

カンバスサイズを横長に変更後、プロンプトは何も入力せず[生成]をクリック

RESULT

自然な仕上がりですが、よく見ると左から2件目のお店の看板が少し崩れています。この部分を**「コンテンツを追加」機能を使って修正**します。

　修正したい箇所を**[なげなわツール]**等で選択します。コンテキストタスクバーの**[生成塗りつぶし]**をクリックし、プロンプトを入力します。

PROMPT

A sign that says Generel butik
（訳：Generel butikと書かれた看板）　※「Generel butik」はデンマーク語で雑貨店

RESULT

　いろいろ試しましたが、ここでは**看板の名称を具体的に指示する方がイメージに近い結果**となりました。

背景を選択して変更することもできます。下の例では、空の部分を選択後、**プロンプトに「夜の空」と入力して[生成]** ボタンをクリックしました。ちなみに、**「夜空」より「夜の空」にしたほうがイメージ通りになりました。**

PROMPT

空の部分を選択し、プロンプトに「夜の空」と入力して[生成]をクリック

RESULT

人物が着ている服を変更することもできます。下の例では、人物の胴体部分を選択し、**プロンプトに「革ジャン」と入力して[生成]**しました。

　何度か試してみたのですが、きっちりときれいに選択するより、なげなわツールで**ざっくりと範囲を指定した方がうまくいきました**。バリエーションも豊富で、楽しいですね。

PROMPT

人物の胴体部分をざっくりと選択し、プロンプトに「革ジャン」と入力して**[生成]**をクリック

RESULT

オブジェクトを削除

　「オブジェクトを削除」は削除した部分の背景をAIが生成してくれる機能です。コピースタンプツールのように、他の部分を持ってきて塗りつぶすわけではないので、不用物をとてもきれいに削除できます。

　帽子をかぶった女の子の写真から、帽子を消してみましょう。

　まずは、帽子を選択してから、10ピクセル程度、選択範囲を拡張しました。ケースバイケースではありますが、**選択範囲は若干広めの方が結果がいいようです。** プロンプトは何も入力しない状態で[生成]ボタンをクリックすると、帽子が削除されました。髪の毛の感じも自然です。

PROMPT

帽子部分を選択→選択範囲を拡張後、プロンプトには何も入力せず**[生成]**をクリック

RESULT

下の例では、ソファーの上にあるぬいぐるみを削除してみます。選択範囲を四角形にしてみましたが、きれいに消えました。背景のソファーも違和感はありません。

　[削除]ツールでも試してみましたが、「オブジェクトを削除」で生成した方が断然きれいに仕上がりました。

PROMPT

ぬいぐるみ部分を四角形で選択後、プロンプトには何も入力せず**[生成]**をクリック

RESULT

Adobe Express

2-5-1

Adobe Expressとは

Adobe Expressはノンデザイナーでも使いこなしやすい、Web上ですぐに始められるデザインアプリです。

InstagramやTicTok、YouTubeサムネイルなど、SNSへの投稿データはもちろん、ポスターやチラシ、動画まで、豊富なテンプレートとオリジナルの素材を使って簡単にお好みのデザイン作品を完成できます。

画像生成AIの機能も搭載しているため、PhotoshopやFireflyを使わなくても、Express内で画像を生成することもできます。さらに、Adobe Stockの素材やAdobe Fontsも使えるため、かんたんなデザイン制作物であれば、Expressだけで完結させることができます。

Adobe Expressの料金プラン

　Adobe Expressの料金プランには無料・有料版が用意されています。無料版でも操作の大半が試せますが、王冠マークが付いた素材は有料版のみ使用可能です。さらに、有料版では全ての素材や機能を使うことができるため、デザイン制作の幅が広がります。

　料金プランは下図のとおりです。なお、Adobe Creative Cloudをすでに利用されている場合は、追加料金なしでプレミアムプランを利用できます。

項目	無料プラン	プレミアムプラン
サービス名称	Adobe Express	
提供会社	Adobe Inc.	
公式URL	https://www.adobe.com/jp/express	
料金	無料	月々プラン1,180円/月（税込） 年間プラン11,980円/年（税込）
生成クレジット	25/月	250/月
素材	一部のAdobe Stockの写真、 ビデオ、オーディオ素材が使用可能	1億9000万以上の Adobe Stockの写真、 ビデオ、オーディオ素材が使用可能
フォント	1000種類以上のAdobeFonts が使用可能	25,000種類以上のAdobeFonts が使用可能
テンプレート	一部の画像・動画コンテンツ用の テンプレートやデザイン素材	すべての画像・動画コンテンツ用 のテンプレートやデザイン素材

※2024年3月時点
　内容は変更になる場合があります。最新情報はウェブサイトでご確認ください
　https://www.adobe.com/jp/

テキストからテンプレート生成

　Expressの通常の使い方は、用意されているテンプレートから目的に合うものを選び、それを編集してデザインを完成させていきます。これだけでもとても便利なのですが、注目すべき点は、**テキスト入力からテンプレートを自動生成してくれる**という機能です。

　テンプレート生成の機能はまだベータ版ですが、これからは「テンプレートも生成する」という発想に、クリエイティブの新しい可能性を感じます。

　テンプレート生成の使い方を見てみましょう。ここでは「映像編集ソフトのウェビナー広告のテンプレート」をイメージして「ビデオ編集」と入力してみます。

PROMPT

RESULT

さまざまなテイストのテンプレートが表示されました。さらに、生成されたテンプレートの上にカーソルをのせると[バリエーションを見る]ボタンが表示され、それをクリックするとバリエーションを生成することもできます。

[バリエーションを見る]をクリックするとバリエーションが生成される

テンプレートを選択すると、編集画面に移動します。左側に必要な素材は全て表示されます。Adobe Stockから写真、動画、音声などの素材を、**テンプレートの内容に合わせてテーマを選んで提案してくれます**。このナビゲーションがかなり的確にサポートしてくれるので、AIと対話しながら仕上げていくような感覚になります。もちろん自分の素材と差し替えることもできます。

Expressの生成塗りつぶし

　Expressでは、テンプレート内に配置されている画像の一部を、**[生成塗りつぶし]**を使って、別のものに置き換えることができます。使い方はPhotoshopとほぼ同じですが、わざわざPhotoshopに画像を持ち込まなくてもExpressだけで完結できるので、便利です。

　使い方を見てみましょう。

PROMPT

[生成塗りつぶし]ボタンをクリックし、置き換えたい箇所を塗りつぶす
プロンプトを**「white shirts」**と入力して生成

RESULT

モーション付きのデザインを作成する

　Instagram ストーリーズのテンプレートを使って、モーションつきのデザインを作ってみます。

　テンプレートを選んだら、生成塗りつぶしを使って、サンドイッチをケーキに変更します。**[生成塗りつぶし]**を選択し、変更したい箇所を指定します。

　プロンプトは**「ケーキ、皿の上に乗った、カフェっぽい」**として**[生成]**ボタンを押します。バリエーションとともに、かなりいい感じに生成されました。

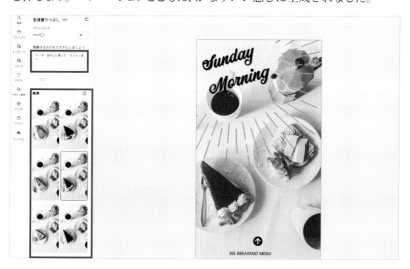

テキストもフォントやデザインの候補をAIが提案してくれます。さらに、クリックひとつでアニメーションをつけることもできます。アニメーションは魅力的なモーションが多く、今後さらに増えていくようなので楽しみです。

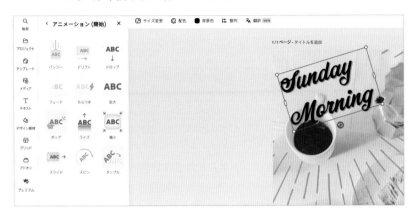

デザインが完成したら、書き出ししなくても、[共有]ボタンから**SNSへの予約投稿**をすることができます。スピーディーに進められるのもいいですね。

Expressは、できることが日々、増えています。被写体を切り抜く[背景を削除]も優秀でした。**自分の音声でキャラクターを動かす、プレゼンテーションなどのスライドやQRコードの作成、PDFの直接編集までできてしまいます。**

もともとアドビの持っている強力なツールが大集合していて、それらのいいとこ取りといった感じなので、今後のさらなる進化が楽しみなアプリです。

2-6

Adobe Illustrator

Illustrator × AIでベクターデータを生成する

　Adobe Illustratorは、グラフィックデザインとイラストレーションのための業界標準ソフトウェアで、拡大縮小しても画質が劣化しないベクターベースのアプリケーションです。他の画像生成AIはビットマップ画像を生成するのに対し、Illustratorに搭載された**「テキストからベクター生成」は、ベクターデータをAIが生成してくれる**ということで、大きな話題となりました。

　「テキストからベクター生成」機能で生成された画像は、ベクターデータの状態になっていて、さまざまなアレンジも可能です。2024年2月時点ではベータ版ですが、すでに**商用利用することも可能**です。

テキストからベクター生成

ベクターデータを生成してくれる[**テキストからベクター生成**]の使い方を見てみましょう。

PROMPT

まず生成したいエリアに図形を作成
[**プロパティ**]パネルの[**テキストからベクター生成 (Beta)**]の中の[**種類**]>[**被写体**]を選び、
プロンプト「**チューリップのイラスト**」を入力
[**生成(Beta)**]ボタンをクリック

RESULT

[種類]についてですが、前ページでは**[被写体]**を選択していますが、他にも**[シーン][アイコン][パターン]**が用意されています。実際に生成するときは、用途に合わせて選びましょう。

[被写体]

[シーン]

[アイコン]

[パターン]

スタイルピッカー

[**スタイルピッカー**]は、その名の通り、スタイルをピックアップする機能です。Photoshopの[**参照画像**]と同じように、参考にしたい画像をクリックすると、そのスタイルを反映した画像を生成することができます。

また、[**スタイルピッカー**]の右にある**電球アイコン**をクリックすると、サンプルプロンプトが表示されます。

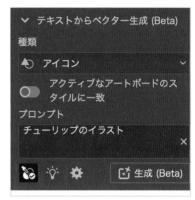

PROMPT

参考画像

RESULT

PROMPT

参考画像

RESULT

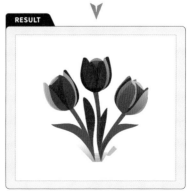

生成再配色

　AIを活用したIllustratorの機能で、現場の作業でも便利に活用できそうなのが生成再配色です。こちらは複数のオブジェクトをまとめて色変更できる機能で、全体のカラーパレットを一括で調整することができます。使い方は、サンプルプロンプトを選ぶ方法のほか、テキストによるプロンプト入力で変更することもできます。

　使い方を見てみましょう。ここでは青い花のパターンの色を変えてみます。

PROMPT

[編集]メニュー >[カラーを編集]>[生成再配色]を選択
[生成再配色]パネルで[サーモンの寿司]をクリック

RESULT

PROMPT

プロンプト「爽やかな明るいレモンイエロー」を入力

RESULT

　サンプルプロンプトでも、テキストによるプロンプトでも、簡単にパターンの色を変更することができました。さらに、[**カラー**]の右にある[**＋**]ボタンを押すと、色を追加することができます。また、[**詳細オプション**]をクリックする

と、[**オブジェクトの再配色**]画面が表示され、一部のカラーだけを変更・削除するなど細かい調整も可能です。イラストやデザイン作品のカラーバリエーションを試したいときに便利な機能です。

2 - 6 - 5

モックアップ(Beta)

もうひとつ、AI×Illustratorで知っておきたい機能を紹介します。

Illustratorでロゴ等を作成した際、実際の使用イメージを確認するため、モックアップ画像を作成することがあります。これまでは、Illustratorで作成したロゴを書き出して、Photoshopで画像と合成するという手間のかかる作業でしたが、この作業をIllustrator上でかんたんに行うことができるのが「モックアップ(Beta)」です。なお、この機能は初回のみインストールが必要です。

使い方を見てみましょう。

ベクターアートを選択した状態で、[オブジェクト]メニュー>[モックアップ(Beta)]>[作成]をクリックします。

[モックアップ(Beta)]パネルが表示されます。モックアップの種類を[アパレル][ブランディンググラフィック][デジタルデバイス][パッケージ]の中から選択します。

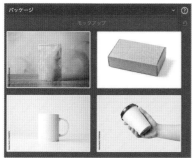

　[**モックアップ**]ボタンをクリックすると、サンプル画像にベクターアートが合成されます。

なお、合成したロゴは**移動や拡大・縮小することも可能**です。AIが画像の面の部分を捉えるので、移動しても形状に合わせて変形します。

　サンプル画像ではなく、自分の画像素材にベクターアートを合成することもできます。

　アートボードにベクターアートと画像（ここではTシャツの画像）を配置します。2つを一緒に選択して、**[オブジェクト]**メニュー >**[モックアップ（Beta）]**>**[作成]**をクリックします。

　Tシャツにベクターアートが合成されました。よく見ると、Tシャツのしわに沿ってベクターアートが変形されているのがわかります。

　ベクターアートの上下左右には4つのポイントが表示されます。このポイントをドラッグして、サイズや位置を調整できます。なお、**これらの変形はすべて非破壊で行われる**ことも重要なポイントです。

アートボード上に画像とベクターアートを配置し、一緒に選択した状態

[モックアップ（Beta）] を適用した状態。よく見ると、Tシャツのしわに沿ってベクターアートが変形している。上下左右のポイントをドラッグしてベクターアートの位置やサイズを調整できる

Midjourney

Midjourneyとは

　AI画像生成ツールの中でも圧倒的知名度と人気を誇るMidjourney。AI技術の最前線を行くアートワーク生成は、深い学習モデルと高度なテキスト理解能力を駆使して、ユーザーの想像を超えるアートを生み出します。

　写実主義から抽象芸術、古典的なスタイルから現代的なデザインまで、多様なスタイルやジャンルをカバーしているだけでなく、その細部にわたる精密さと複雑さで知られています。Midjourneyはプロンプトを通じてアートワークの方向性を細かく指定できる点が大きな魅力です。

　ここでは、Midjourneyのプロンプトの基本とコツを取り上げて、さまざまな画像を生成していきます。また、Midjourneyはウェブブラウザから簡単にアクセスして利用できる手軽さも人気の理由です。Discordを介したアクセスの実際の流れから、見ていきましょう。

「レモン」を含むプロンプトを使ってMidjourneyで生成した画像

Midjourneyの料金プラン

　Midjourneyは2024年2月時点では有料版のみの提供です。以前は無料のトライアル版がありましたが、現在は停止となっています。

　料金プランは下図のとおりです。

　本書ではベーシックプランを例に解説します。

項目	Basic	Standard	Pro	Mega
サービス名称	Midjourney			
提供会社	Midjourney			
公式URL	https://www.midjourney.com/			
料金	$10/月 $96/年	$30/月 $288/年	$60/月 $576/年	$120/月 $1152/年
Fast GPU Time	3.3 hr/月	15 hr/月	30 hr/月	60 hr/月
Relax GPU Time	-	無制限	無制限	無制限
Stealth Mode	-	-	○	○
同時ジョブ可能数	3 jobs 10 Jobs wating in queue	3 jobs 10 Jobs wating in queue	12 Fast jobs 3 Relaxed jobs 10 Jobs in queue	12 Fast jobs 3 Relaxed jobs 10 Jobs in queue

※2024年2月時点
　内容は変更になる場合があります。最新情報はウェブサイトでご確認ください
　https://www.midjourney.com/

前ページのプラン比較表に記載されているモードの詳細は下記のとおりです。

●ファストモード

　ファストモードは画像1枚あたりを約1分の速さで生成します。ベーシックプランでは1カ月につき約200枚生成できることになります。それを超過すると追加の高速GPU時間を4ドル/時間で購入しなければ、生成することができなくなります。なお、追加購入した高速GPU時間には有効期限はありません。

　ベーシック以外のプランでは、次に紹介するリラックスモードを利用することで、超過料金なしで画像生成を行うことができます。

●リラックスモード

　画像の生成速度が低下しますが、無制限での画像生成が可能になるモードです。スタンダード、プロ、メガプランでは、自分のニーズに応じてファストモードとリラックスモードを使い分けることができます。

●ステルスモード

　ステルスモードは、生成した画像を他のユーザーから非表示にする、プロプラン以上のプレミアム機能です。生成した画像が公開ギャラリーに表示されなくなるため、画像のプライバシーを保護したいプロジェクトの場合などには重要な機能となります。

　P.129で紹介する自分専用のサーバーを作成しても、ステルスモードを使用しない限り、生成した作品は他のユーザーに見られる可能性があります。MidjourneyはDiscordを介して操作されるAI画像生成ツールで、通常、生成された画像は共有されたスレッド内で他のユーザーに見られることになります。

DiscordとMidjourneyの登録方法

Midjourneyは、Discordを介して操作される画像生成AIです。

Discord **https://discord.com/**

Discord(ディスコード)とは、アメリカで開発されたコミュニケーションサービスで、無料で提供されています。もともとゲームプレイ中のコミュニケーションを目的としてゲーマー向けに設計されましたが、2020年に一般向けのコミュニケーションツールへと進化を遂げました。現在では、LINEやSlackのようなチャットアプリとして利用されたり、ビジネスや教育の分野でもコミュニケーションツールとして使用されています。Adobe Fireflyのコミュニティもあり、多くの情報にアクセスできます。

MidjourneyはDiscord上のbotとして機能しているため、Discordのアカウントが必要です。Discordはブラウザ版、ダウンロード版、スマホのアプリでも利用できます。

ここでは手軽に使えるブラウザ版を使って説明していきます。

●Discordのアカウントを作成する

Discordのアカウントを作成します。トップ画面から[登録]をクリックし、画面の指示に従ってアカウントを作成しましょう。

●MidjourneyとDiscordを連携する

Discordに登録した後、**MidjourneyのDiscordサーバーに参加して連携する必要があります**。これにより、Midjourneyの機能にアクセスできるようになります。

Midjourneyの公式サイトにアクセスし、右下にある[**Join the Beta**]をクリックします。

Midjourney　**https://www.midjourney.com/**

Midjourneyのサーバー招待画面が表示されるので**[招待を受ける]**をクリックします。

これでMidjourneyのサーバーに参加できました。左側のバーに船のマーク（Midjourneyサーバーのアイコン）が表示されていれば、連携完了です。

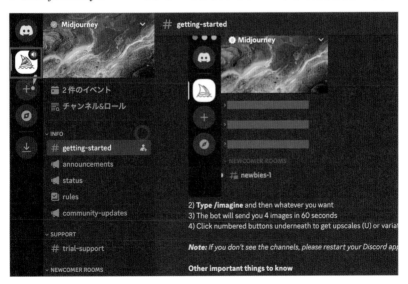

●Midjourneyのサブスクリプションに登録

現時点では、**Midjourneyが使えるのは有料プランのみ**となっています。

サブスク登録前に使おうとすると「購読が必要です。非常に需要が多いため、現在無料トライアルを提供できません。 Midjourney でイメージを作成するには /subscribe してください」というメッセージが表示されます。

プラン登録のために[newbies-##]のいずれかのチャンネル（どれでもOK）をクリックし、コマンド「/subscribe」を入力します（「S」と入力すると表示される変換候補の中にあります）。

Midjourney botからリンクを知らせるメッセージが届きます。[Manage Account]をクリックします。なお、リンクについて「自分専用リンクなので他人と共有しないでください！」と警告がありますので、注意してください。

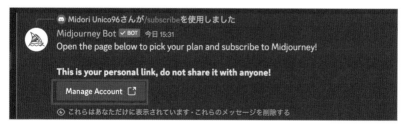

[Discordを退出]画面が表示されます。Midjourneyのサイトへ移動するという確認画面なので[サイトを見る]をクリックして進みます。

サブスクリプション購入画面が表示されます。希望のプランを選び、決済方法を入力して完了します。

なお、本書では手軽に試せるベーシックプランの月払いを使って説明していきます。

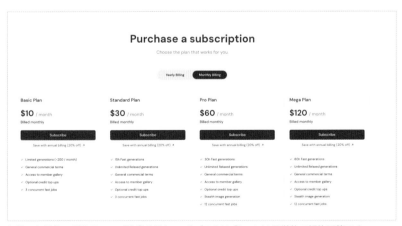

年払いと月払いがあるのでご注意ください。サブスクリプションは月単位で解約可能です。

Midjourneyのサブスク解約方法

サブスクリクションを解約したい場合はDiscordのテキスト入力エリアに[/subscribe]
を入力して実行します。

アカウントへのリンクが表示されます。

[Manage Account]をクリックします。

アカウントページへ移動し、契約中のサブスクリプションが表示されます。

[Cancel Plan]をクリックし、解約を進めます。

2-7-4

自分専用サーバーを作成する

Midjourneyで画像生成を始める前に、もうひとつ知っておきたいのが、自分が**生成した画像やプロンプトの公開範囲**です。

[newbies-##]のいずれかのチャンネルですぐに始めることができますが、これらは公開スレッドになっており、世界中のユーザーの画像やプロンプトを閲覧することができます。つまり、自分の生成画像も共有されますし、お互いに編集・保存することも可能だということです。また、Midjourneyのウェブサイトのギャラリー(コラムで紹介)に表示される可能性もあります。

実際に画像を生成してみると、大量の画像が次々生成され、流れていくため、作業効率が悪く感じるかもしれません。これを回避するために、自分専用のサーバーを作り、Midjourney botとのダイレクトメッセージで画像を生成すると、基本的には他のユーザーには見えません(ただし、ウェブサイトのギャラリーには表示される可能性があります。ギャラリーでも非表示にしたい場合ステルスモードを有効にする必要があります)。自分が生成した画像の管理も楽になります。

ここでは、自分専用のサーバーを作り、Midjourney botを追加するまでの流れをご紹介します。

●サーバーを新規に追加する

Discordの[**サーバーを追加**]をクリックします。[**サーバーを作成**]画面が表示されたら[**オリジナルの作成**]をクリックし、画面の指示に従って設定します。最後に[**新規作成**]をクリックして、サーバーの作成が完了です。

●Midjourney Botを自分専用サーバーに追加する

左上の[**ダイレクトメッセージ**]アイコンをクリックします。次に[**Midjourney Bot**]を右クリックして[**プロフィール**]を選択します。

Midjourney Botのプロフィール画面が表示されたら、先程作成した自分専用サーバーを追加します。確認画面が表示されたら、すべての項目にチェックを入れて[**認証**]をクリックします。

ロボットではないことの確認が終わると、自分専用サーバーにMidjourney Botが追加されます。

確認のために画像を生成してみます。自分専用サーバーを開き、「/imagine」をチャットに入力すると、サジェストが表示（右図）されていればOKです。

●チャンネルを作成して管理を楽にする

　ここまでの手順で、Midjourneyでの画像生成の準備は完了ですが、最後に生成画像の管理を楽にする方法を紹介します。これから多くの画像を生成していくことを考えると、サーバーの中に目的別にチャンネルを作成しておくと、効率的に作業を進めることができます。

　サーバーのアイコンをクリックすると、[テキストチャンネル]と[ボイスチャンネル]という2つの基本カテゴリーがあります。

　Midjourneyでの画像生成では、基本的に[テキストチャンネル]のみを使いますので、ここに新しいチャンネルを追加していきます。チャンネルの追加方法は下記のとおりです。

　[テキストチャンネル]右にある[＋]ボタンをクリックします。[チャンネルを作成]画面が表示されたら、必要事項を入力して[チャンネルを作成]します。これで新しいチャンネルが作成されました。

　作成したチャンネルは[テキストチャンネル]の下に表示されます。目的別のチャンネルを作成して画像を仕分けしておけば、管理が楽になり、作業効率もアップするでしょう。

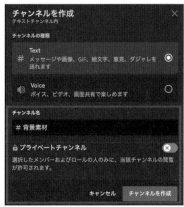

Midjourneyプロンプトの基本とコツ

Midjourney で画像を生成していきましょう。

Midjourney で画像を生成するにはプロンプト＝テキストのみで指示を出します。なお、Midjourneyは日本語にも対応していますが、英語でのプロンプト入力が推奨されており、より望む結果に近い画像を得やすくなります。

チャットに「**/imagine**」コマンドを入力します。[**prompt**]に「**girl**」と入力します。ちなみに、Midjourney は単語1つからでも画像を生成してくれます。

PROMPT

girl

RESULT

Midjourney V5.2
で作成

プロンプトが単語が1つの場合、生成の結果画像はMidjourneyの創造性に委ねることになります。上の生成画像はMidjourneyの考える「girl」として生成されたものです。芸術性が高く美しい画像ですが、フォトリアリスティックな作品ではありません。

Fireflyの場合は、設定画面の最初に[コンテンツタイプ]を[写真]または[アート]から選ぶ仕様となっています。視覚的な適用量も調整できるため、方向性をある程度、コントロールすることができます。しかし、Midjourneyの場合は、これらもすべて文章によるプロンプトで指定していく必要があります。

Firelyの設定画面

よりリアルな写真らしい表現を作成したい場合について見ていきましょう。「写真」という言葉を加えて、変化を見てみます。

PROMPT

super realistic photo of a girl　（スーパーリアルな女の子の写真）

RESULT

Midjourney V5.2
で作成

「super realistic photo」という単語を追加したことで、写真の要素が強くなってきましたが、まだ本物の写真には見えません。

もっとリアルな写真に近づけるために「girl」というメインの被写体についての情報を増やしてみます。なお、**複数のプロンプトを入れるときは[,]（カンマ）で区切ります。**

Street style medium-close low-angle photo from below of a girl, shot on Afga Vista 400, midday, natural lighting, 105mm f/2.8 --seed 1 --ar 16:9

[スタイル]Street style
[ショットタイプ]medium-close
[視点] low-angle photo from below
[カメラアングル]from below
[フィルムタイプ]shot on Afga Vista 400
[時刻]midday
[照明タイプ]natural lighting,
[カメラの詳細]105mm f/2.8
[オプションのシード]--seed 1
[オプションのAR]--ar 16:9

※各プロンプトやオプションの詳細はP.144〜171参照

Midjourney V5.2で作成

　年齢的に成長したgirlですが、よりリアルな表現になりました。なお、ここでは説明のために「girl」で統一しましたが、年齢を指定することも可能です。

写真という単語をプロンプトに加えることは必要ですが、それだけでは十分ではなく、今回のようにカメラや照明、シチュエーションなど、より具体的に説明することでリアリティが増してくる傾向があります。

　ただし、Midjourneyのプロンプトと生成結果の関係は、常に進化し続けています。Midjourney はコンピュータープログラムとは異なり、統計的推論エンジンとして、何百万もの画像データをトレーニングし続けているからです。そして、その不確実性も楽しみのひとつです。

　ちょうど本書の執筆中、2023年12月に**「Midjourney V6」アルファ版**がリリースされました。変化点は**「画像のクオリティ向上」「より長いプロンプトに対応」「プロンプトに対する忠実度が大幅に向上」**などが言われています。

　先ほどと同じプロンプトで試してみたところ、確かに画質クオリティ、プロンプトに対する忠実度が大幅に向上しています。

PROMPT

super realistic photo of a girl　（スーパーリアルな女の子の写真）

RESULT

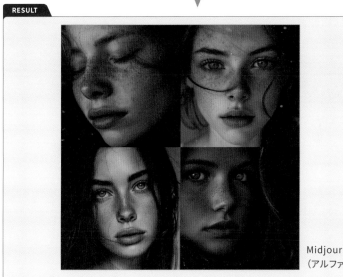

Midjourney V6
（アルファ版）で作成

Street style medium-close low-angle photo from below of a girl, shot on Afga
Vista 400, midday, natural lighting, 105mm f/2.8 --seed 1 --ar 16:9

[スタイル]Street style
[ショットタイプ]medium-close
[視点] low-angle photo from below
[カメラアングル]from below
[フィルムタイプ]shot on Afga Vista 400
[時刻]midday
[照明タイプ]natural lighting,
[カメラの詳細]105mm f/2.8
[オプションのシード]--seed 1
[オプションのAR]--ar 16:9

Midjourney V6 (アルファ版)で作成

　さらに、カメラや照明、シチュエーションなどを具体的に説明したプロンプト
でも試してみました。V6では「プロンプトに対する忠実度が大幅に向上」して
いるため、[視点]で設定した「あおるアングル」のプロンプトが結果に強く反映
されました。

バージョンの確認と設定

　バージョンの確認や設定の変更をするには「/settings」コマンドを入力します。プルダウンメニューから、現在選択できるバージョンが表示されます。

　本書の解説では、執筆時点でデフォルトモデルのV5.2を使用しています。それ以外のバージョンで生成したい場合は、プロンプトにパラメーターを追加します。たとえば、V6で生成したい場合は**プロンプトの最後に「--V6」と入力**します。

TIPS

「newbies-##」チャンネルで生成する場合

多くの人が利用している「newbies-##」チャンネルで画像を生成すると、次々に世界中のユーザーの画像が生成されるため、あっという間に流れてしまい、生成が完了する頃には見つけるのが難しくなってしまいます。

そんなときは、画面右上にある受信ボックスの四角いマークをクリックします。受信ボックスを開くと、[メンション]タブに生成した画像が届いています。右上の[ジャンプ]ボタンをクリックすると、画像の場所までジャンプしてくれます。

画像の確認と保存

　生成した画像をクリックすると、拡大表示して確認できます。4枚の状態で保存したい場合は、そのまま右クリック>[名前をつけて画像を保存]を選択すると、1164×1164pixcel/webpで保存されます。左下の「ブラウザで開く」をクリックすると、別ページに拡大して開かれて、2048×2048pixcel/pngで保存されます。

　1枚で出力する場合は、さらにいろいろなことができます。

　次ページで紹介するUボタンを使いアップスケールしていく場合、「2倍」「4倍」に拡大するアップスケール機能を提供しているため、4096×4096 pixcelまでの拡大が可能と言われています。筆者が試したところ、16:9画角の画像1456×816を4倍アップスケールすると、かなり時間はかかりますが、5824×3264pixcelが出力できました(もちろんその分GPUを消費するので料金もかかります)。

PROMPT

beautiful eyes, white background, film still, Japanese, woman, Y2K aesthetics, punk --ar 16:9 --style raw
※白い背景が欲しいときは「white background」「plain white background」
　「pure white background」などを試しましょう。

RESULT

5824×3264 pixcelで保存した画像

アップスケールとバリエーション

　生成した画像の下部に「U1〜4」「V1〜4」ボタンがあります。

　「U」はアップスケールで、画像解像度を上げて仕上げたいときに使います。

　「V」はバリエーションで、選択した画像のバリエーション違いを作成します。

　「1〜4」の数字は、それぞれ1＝左上、2＝右上、3＝左下、4＝右下の画像に対応しています。[更新]ボタンは同じプロンプトで画像を再生成します。

PROMPT

5 years old alien girl

RESULT

実際にアップスケールとバリエーションを使って生成する流れを見てみましょう。まずは元となる画像を生成します。ここではChatGPTで作成した長めのプロンプトを使います（詳細は次項で解説）。生成後、[V3]ボタンを押して、画像3のバリエーションを作成します。

PROMPT

young, talented esports player, who resembles a Korean idol, is captured in a victorious, celebrating with a joyous "Banzai" pose. She, sleek, modern headset, headset advertisement. The backdrop is a futuristic room, enhanced, neon --ar 16:9

RESULT

RESULT

4つのバリエーションの中の画像1を使ってアップスケールするため、[U1]ボタンを押します。

RESULT

アップスケールを実行すると上図のようなボタンが表示されます。各ボタンの機能は下記のとおりです。

[Upscale(2x)][Upscale(4x)]　さらに2倍、4倍にアップスケール

[Vary(Subtle)]　元画像を弱めに変更したバリエーションを生成

[Vary(Strong)]　元画像から大きく異なる新しいバリエーションを生成

[Vary(Region)]　領域を選択して、その部分だけを再生成または編集

[Zoom Out 2x][Zoom Out 1.5x]　2倍、1.5倍にズームアウト

[Custom Zoom]　ズーム倍率をカスタムする

[Make Square]　アスペクト比を正方形（1:1）に変更

[←][→][↑][↓]　矢印方向へパンした画像を生成

Vary（Region）とリミックスモード

　[Vary（Region）]ボタンを押すと、特定の領域を選択してその部分だけを再生成することができます。[リミックスモード]は、既に生成された画像を基に、新しいバリエーションや調整を加えるための機能です。この2つの機能を組み合わせると、選択した領域に対して、さまざまな追加や変更を行うことができます。

　さっそく試してみましょう。まずは、先ほどの画像で[Vary（Region）]ボタンを押し、ヘッドフォン部分を選択して再生成します。

PROMPT

[Vary（Region）]を押してヘッドフォン部分を選択

RESULT

「/settings」コマンドを入力して、[Remix mode]をクリックします。

リミックスモードを追加すると、プロンプト入力欄が表示されます。ここでは「白いヘッドフォン」のプロンプトを入力してみます。

PROMPT

Cute white headphones designed for women

RESULT

微妙にデザインの異なるヘッドフォンが生成されました。

プロンプトを短縮するShortened prompts

Midjourneyの「shortened prompts」機能は、AIが提示する長いプロンプトを短縮することが可能です。

ChatGPTでプロンプトを作成すると、どうしても長文になりがちです。そこでこの2つの機能を組み合わせることで、より効率的にプロンプトを作成することができます。さらに、プロンプト内のどの単語が影響力があるのか分析し、不要な単語を省く提案を行ってくれます。

使い方を見てみましょう。まずはChatGPTでプロンプトを作成します。ChatGPTを「画像生成AIのプロンプトエンジニアリングのプロフェッショナル」と定義づけし、具体的な希望を箇条書きにし、プロンプトは英語で考えるように指示します。

PROMPT

 You
あなたは画像生成AIのプロンプトエンジニアリングのプロフェッショナルです。
以下の条件の画像を生成したいので、プロンプトを考えてください。

・e-スポーツの達人の女の子
・白い素敵なヘッドセットをつけている
・背景はピンク系ネオンの未来的な部屋
・ヘッドセットの広告のワンシーン
・試合に勝利して歓喜のバンザイをしている
・韓国アイドル
・未来的な部屋
・リアルな写真のように作成することを強調
・広告のようなクオリティの高い画像
・プロンプトは英語で考える
・英語のプロンプトと、日本語訳も書く

📝 Answer

英語のプロンプト:

"An expert female e-sports gamer celebrating a victorious moment, arms raised in joy, wearing a stylish white headset. The background is a futuristic room bathed in pink neon lights, resembling a high-quality advertisement. The scene captures the essence of a Korean idol, and the image is crafted to look like a real photograph, emphasizing the advanced technology and excitement of e-sports."

日本語訳:

「e-スポーツの達人である女性ゲーマーが勝利の瞬間を祝い、喜びで腕を挙げています。彼女はおしゃれな白いヘッドセットを着用しています。背景はピンクのネオンライトに照らされた未来的な部屋で、高品質な広告のようです。このシーンは韓国のアイドルのエッセンスを捉え、実際の写真のように見えるように作られており、e-スポーツの先進技術と興奮を強調しています。」↓

　英語のプロンプトと日本語訳が提示されました。まずはこのままのプロンプトで、Midjourneyで生成してみます。なお、ChatGPTもMidjourneyも同じ質問やプロンプトに対して毎回異なる結果を提示するので、何回か試してみることをおすすめします。

　生成された画像をもっとイメージに近づけたい場合は「shortened prompts」機能を使ってみます。

　「/shorten」コマンドを入力します。続けて、先ほどを同じプロンプトを入力します。

prompt The prompt to shorten

 /shorten

prompt　An expert female e-sports gamer celebrating a victorious moment,
quality advertisement. The scene captures the essence of a Korea
16:9

すると、瞬時にプロンプトを「トークン」と呼ばれる小さな単位に分割して分析した結果が表示されます。

　プロンプト内の重要なトークンは太字で強調表示、重要でないトークンには取り消し線が表示されます。そして、この情報に基づいて、5つの短いプロンプト案が表示されます。1〜5のボタンをクリックするとプロンプト入力欄が表示され、追記することもできます。

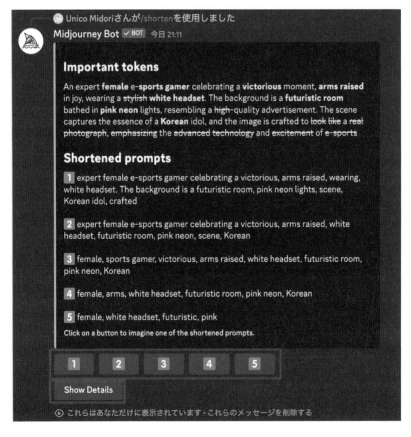

　また、[Show Details]ボタンをクリックすると、トークンの重要度が数値化されてグラフとともに表示されます

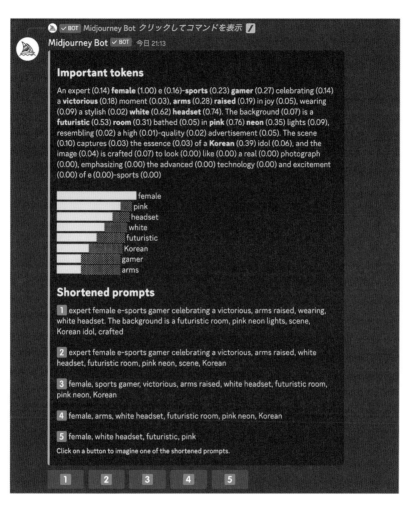

Important tokens

An expert (0.14) **female** (1.00) e (0.16)-**sports** (0.23) **gamer** (0.27) celebrating (0.14) a **victorious** (0.18) moment (0.03), **arms** (0.28) **raised** (0.19) in joy (0.05), wearing (0.09) a stylish (0.02) **white** (0.62) **headset** (0.74). The background (0.07) is a **futuristic** (0.53) **room** (0.31) bathed (0.05) in **pink** (0.76) **neon** (0.35) lights (0.09), resembling (0.02) a high (0.01)-quality (0.02) advertisement (0.05). The scene (0.10) captures (0.03) the essence (0.03) of a **Korean** (0.39) idol (0.06), and the image (0.04) is crafted (0.07) to look (0.00) like (0.00) a real (0.00) photograph (0.00), emphasizing (0.00) the advanced (0.00) technology (0.00) and excitement (0.00) of e (0.00)-sports (0.00)

female
pink
headset
white
futuristic
Korean
gamer
arms

Shortened prompts

1 expert female e-sports gamer celebrating a victorious, arms raised, wearing, white headset. The background is a futuristic room, pink neon lights, scene, Korean idol, crafted

2 expert female e-sports gamer celebrating a victorious, arms raised, white headset, futuristic room, pink neon, scene, Korean

3 female, sports gamer, victorious, arms raised, white headset, futuristic room, pink neon, Korean

4 female, arms, white headset, futuristic room, pink neon, Korean

5 female, white headset, futuristic, pink

Click on a button to imagine one of the shortened prompts.

1 2 3 4 5

なお、ここでは16:9の画像が欲しかったので、提案されたプロンプトの末尾に「--ar16:9」のパラメーターを追加しました。

提案された5つのプロンプトすべてを試してみると、どのトークンが自分のイメージに重要なのかが見えてきます。また、**プロンプト末尾に「--v 6.0」のパターメーターを付けると、V6で生成**されます。

PROMPT (元のプロンプト)

An expert female e-sports gamer celebrating a victorious moment, arms raised in joy, wearing a stylish white headset. The background is a futuristic room bathed in pink neon lights, resembling a high-quality advertisement. The scene captures the essence of a Korean idol, and the image is crafted to look like a real photograph, emphasizing the advanced technology and excitement of e-sports --ar 16:9

RESULT

V5.2で生成したもの　　　　　プロンプト末尾に「--v 6.0」を付けてV6で生成したもの

PROMPT ❶

expert female e-sports gamer celebrating a victorious, arms raised, wearing, white headset. The background is a futuristic room, pink neon lights, scene, Korean idol, crafted --ar 16:9

RESULT

V5.2で生成したもの　　　　　V6で生成したもの

PROMPT 2

expert female e-sports gamer
celebrating a victorious, arms raised,
white headset, futuristic room, pink
neon, scene, Korean --ar 16:9

RESULT

PROMPT 3

female, sports gamer, victorious,
arms raised, white headset, futuristic
room, pink neon, Korean --ar 16:9

RESULT

PROMPT 4

female, arms, white headset,
futuristic room, pink neon, Korean
--ar 16:9 --v 6.0

RESULT

PROMPT 5

female, white headset, futuristic,
pink --ar 16:9

RESULT

　このようにしていろいろ試し、生成された画像とプロンプトの重要度を客観的に見ながら、自分の目指すイメージに向かって追い込んでいきましょう。

パラメーターの使い方

　パラメーターは、Midjourneyのプロンプトに追加することで画像をカスタムするために使います。配置やスペースの入れ方にルールがあり、正確に使わないと受け付けてもらえませんので注意しましょう。以下が基本ルールです。

- ・半角ハイフン2つ「--」から始まる文字列と数値のセット
- ・「--」と文字の間はスペースなし、文字と数値の間は半角スペースを入れる
- ・常にプロンプトの末尾に追加する
- ・各プロンプトに複数のパラメータを追加できる

よく使われるパラメーター

　もっともよく使われるパラメーターは、前項までに紹介した「アスペクト比」と「バージョン」です。アスペクト比の場合は「--ar 16:9」(16:9の比率にして)、「--ar 1:1」(1:1の比率にして)などと入力します。バージョンの場合は「--v 6.0」(V6で生成して)と入力します。

PROMPT

Brother and sister Harvesting in a lemon field, early 2000s, flashphotography, polaroid --ar 16:9

RESULT

アスペクト比「16:9」で生成

PROMPT

Brother and sister Harvesting in a lemon field, early 2000s, flashphotography, polaroid --ar 1:1

RESULT

アスペクト比「1:1」で生
成すると、ブラロイドの
ような枠が生成された

PROMPT

Brother and sister Harvesting in a lemon field, early 2000s, flashphotography, polaroid --ar 16:9 --v 6.0

RESULT

アスペクト比「16:9」、バージョンV6で生成

プロンプトの忠実度を指定する「--Stylize」

Midjourney Botは、芸術的な色や構成の画像を生成するように訓練されています。「--stylize」(または「--s」)は、このトレーニングがどの程度強く適用されるかに影響するパラメーターです。

「--stylize」のデフォルト値は「100」で、現在のモデル(V5.2)を使用する場合は「0～1000」の整数値を受け入れます。スタイル化の値が低いと、プロンプトに厳密に一致する画像が生成されますが、芸術性が低くなります。一方、スタイル化の値を高くすると、非常に芸術的ですが、プロンプトとのつながりが少なくなる画像が作成されます。

PROMPT

a 3 year old child's drawing of lemon and me --s 100

RESULT

PROMPT

a 3 year old child's drawing of lemon and me --s 500

RESULT

PROMPT

a 3 year old child's drawing of lemon and me --s 1000

RESULT

CHAPTER 2　生成AIの現在地

リアルで自然な画像になる「--style raw」

パラメーター「--style raw」を付けると、RAW形式で保存したようなリアルで自然な外観の画像になりやすい傾向にあります。

PROMPT

film still, beautiful eyes, white background,17 years old Japanese young woman, soft punk --ar 16:9 --style raw --v 6.

RESULT

PROMPT

professional, full-length Japanese girl in a white oversize T-shirt, 35mm --ar 4:5 --style raw --v 6.0

RESULT

不要な要素を排除する「--no」

　画像に不要な要素が入っていた場合、「--no」のパラメーターを使って画像に含めたくないものをMidjourneyに伝えると排除することができます。たとえば「--no dog」「--no blue」「--no car」など。複数の要素のときは「--no dog, car」のようにカンマで区切って指定します。

　下例は「lots of fruit, kawaii, --niji」で画像を生成後、「--no banana」のパラメーターを入れて、バナナを排除しました。

PROMPT

lots of fruit, kawaii, pop. --no banana --niji
※「--niji」はP.158で紹介する「にじジャーニー」のパラメーターです。

RESULT

生成画像とよく似た画像を作る「--seed」

画像ごとにランダムに生成される「Seed値」をプロンプトに使うと、元画像ととてもよく似た画像が生成される可能性が高くなります。同じプロンプトからバリエーションを膨らませたいときに便利です。

使い方を見てみましょう。

まずは、プロンプト「lemon --niji」(「--niji」は「P.158で紹介する「にじジャーニー」のパラメーター)で元画像を生成します。

seed値の取得するため、[リアクション]ボタン→[envelope]アイコンをクリックします。

すると、seed値が記載されたダイレクトメッセージが届きます。

このseed値をプロンプトに使います。

PROMPT

lemon, twin tail girl --seed 2113517773
（同じseed値でツインテール）

RESULT

PROMPT

lemon, twin tail girl, wink --seed 2113517773
（同じseed値でウインク）

RESULT

にじジャーニー

　「にじジャーニー」(Niji Journey)は、アニメやゲーム調のイラストに特化したAI画像生成ツールです。Midjourneyの派生として開発されました。

　アニメやマンガのようなスタイルでイラストを作成したい場合に、このツールはとても便利です。手軽に高画質なイラストを生み出せますが、著作権については注意が必要です（詳細はP.173参照）。

　「にじジャーニー」を使うには、プロンプトに「--niji」のパラメーターを追加する、またはコマンドの「/settings」の設定画面から選択する方法があります。

　「にじジャーニー」には、デフォルトモードの他に、4つのスタイルがあります。各スタイルの詳細は下記のとおりですが、どれも「--style Scenic」のようにパラメーターを追加することで適用できます。

original　少しミステリアスな雰囲気になりやすい

Expressive　コントラストが強めでクールな印象

Cute　かわいらしいパステル調

scenic　背景から光が当たり、人物が逆光でドラマチックな雰囲気になりやすい

ショットタイプを指定する

　イメージに近づけるための参考として、構図やショットタイプなど、参考になる用語を集めました。カスタマイズするときの参考にしてください。

full-length　被写体を頭から足まで完全に含めるショット

Long Shot　被写体から離れたフレーミングで背景の情報量が多いショット

medium-full　被写体の膝から上を映すショット

medium-long　腰や太ももの辺りから上を捉えるショット

medium-close　胸から上を捉えるショット

closeup　顔または他の重要なオブジェクトにフォーカスを当てるショット

extreme closeup　顔の一部（目や口）や小さなオブジェクトに非常に近いショット

　以下はショットタイプを指定したプロンプトの結果例です。

PROMPT

photo, **medium shot**, ruggedly handsome korean star actor, wristwatch, James Bond, simple background, walking purposefully --s 250 --ar 16:9

（写真、ミディアムショット、頑丈なハンサムな韓国のスター俳優、腕時計、ジェームズ・ボンド、シンプルな背景、意図的に歩く）

RESULT

a photograph, **Long shot**, woman, pink color palette

（写真、ロングショット、女性、ピンクのカラーパレット）
※「color palette」を使うと全体のトーンを指定できる。

high-quality image resembling a professional advertisement, featuring a **close-up** of a luxurious face serum. The background, white and resemble flowing water, luxury

（プロの広告のような高品質なイメージ、ラグジュアリーなフェイスセラムをクローズアップ、
　背景は白、流れる水に似いる、高級感）

アングルを指定する

　カメラアングルをプロンプトに組み込むことも、生成される画像の視覚的な効果や意味合いをコントロールすることにつながりやすいです。

Eye-level　アイレベルショット。通常の視点。フォルトだが指定すると強調される
Low-angle　低角ショット。被写体を下から見上げるような角度
High-angle　高角ショット。被写体を上から見下ろす角度
Bird's-eye　バードアイビュー。非常に高い角度からのショット
selfie　セルフィー（自撮り）

　以下はアングルを指定したプロンプトの結果例です。

PROMPT

A group of young people in a quiet cafe, seen from an **eye-level** perspective, engaged in a lively conversation.

（静かなカフェでの若者たち、目線の高さから見た、活発な会話）

RESULT

A brave lady knight raising Her sword, captured from a **low angle**, emphasizing his dignity and strength

（剣を振り上げる勇敢な女騎士。ローアングルからとらえ、威厳と力強さを強調している）

RESULT

PROMPT

A vast landscape of forests and rivers as seen from a bird's-eye view atop a high mountain

（高い山の上から俯瞰した森と川の広大な風景）

RESULT

A 5-year-old girl is taking a **selfie**

（5歳の少女が自撮りしている）

カメラやフィルムタイプを指定する

　カメラモデルを特定することが結果を大きく変えるわけではありませんが、よりフォトリアリスティックな結果が期待できます。また、フィルムタイプを指定すると、大きな影響を与える場合もあります。

　写実的かつアート性の高い画像が欲しいときには、色々試すことで面白い結果が得られるのはmidjourneyならではの醍醐味かもしれません。

PROMPT

A **vintage-style portrait in black and white**, using **Ilford XP2 400 film** for its classic grain structure, captured with a **Leica M10** for its timeless quality

（クラシックな粒状性を持つイルフォードXP2 400フィルムを使用し、時代を超越したクオリティを持つライカM10で撮影したモノクロのヴィンテージスタイルのポートレート）

RESULT

A Harajuku street style photo of a woman taken with a **Canon EOS R6 Mark II Mirrorless camera**, with dynamic composition. --v 6.0 --ar 16:9

（キヤノンのミラーレス一眼カメラEOS R6 Mark IIで撮影した原宿ストリートスタイルの女性写真、ダイナミックな構図）

RESULT

PROMPT

A street style photo of a woman shot on **Kodak Ektar 100**, showcasing the film's unique color rendition and grain texture, emphasizing a retro and artistic feel. --v 6.0 --ar 16:9

Kodak Ektar 100で撮影された女性のストリート・スタイル写真。このフィルム独特の色調と粒状感を表現し、レトロでアーティスティックな雰囲気を強調している

RESULT

世界観を作るキーワード

世界観を作りやすくなるキーワードを集めました。

PROMPT

左：**8 bit pixel art**, cute interior of Japanese apartment, soft colors
右：**16 bit pixel art,** cute interior of Japanese apartment, soft colors

キーワード：ピクセルアート（ビット数を変更すると雰囲気が変わる）

RESULT

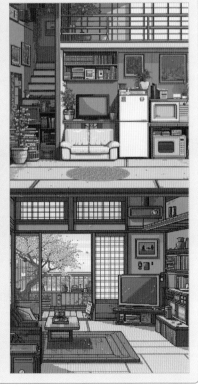

Christmas decor against a pantone peach fuzz background, **zbrush**, rounded forms

キーワード：zbrush（デジタル彫刻ソフトウェアの名称）

light watercolor, outside of a coffeeshop, bright, white background, few details, dreamy

キーワード：淡い水彩画

Rustic **wood texture** for eco-friendly product **web design themes** --ar 16:9

キーワード：木の質感、ウェブデザインテーマ用

Artistic watercolor wash **background**, soft --ar 16:9 --v 6.0

キーワード：アーティスティックな水彩、背景

CHAPTER 2　生成AIの現在地

photography of an iphone with a modern user interface of vector illustration of lemons plant identification app on the screen

キーワード：スマホの中の写真

person **holding an iphone** with a picture of amusement parky

キーワード：手に持ったスマホ

DVD Screenshot, Eating lemons at lemon star, **1960s B-style sci-fi movie**

キーワード：DVDのスクリーンショット、1960年代、B級SF

Chinese ink illustration, cat**::2** , **minimalism** --v 6.0

キーワード：水墨画、ミニマリズム、
　　　　　　「::」は強調の指示。「::2」と指定すると、その要素が通常よりも2倍強調される

アーティスト名や作品名について

　MidjourneyなどのAIアート生成プログラムでは、アーティスト名や作品名、画風などをプロンプトとして利用することが可能です。これにより、そのアーティストのスタイルや作品の特徴を反映したアートを生成することができます。

　しかし、そのようにして**生成した画像を自分の作品として発表することはやめましょう**。ブレストやリファレンスとして壁打ち用に使う、あるいはイメージを伝えるための下書きとして使う、そして、**AIで作成したことも表記して**使っていくなど、配慮して使うようにしましょう。

PROMPT

lemon, 4k resolution album art cover of by katsushika hokusai

レモン, 葛飾北斎による4K解像度のアルバム・アート・ジャケット

RESULT

2-7-22

著作権について

　生成AIで気になるのは、やはり著作権や商用利用についてです。

　「Adobe Firefly」のように商用利用できるように設計し、信頼性の担保に力を入れているサービスもありますが、一方で、「商用利用OK」と明言されていても、参照された元の著作権問題が解決されているかどうかは別の問題です。この点に関しては、詳細が個人の判断に委ねられる場合が多いからです。

　Midjourneyを例に挙げると、有料プランは商用利用OKですが、詳細は個人の判断に委ねられています。FAQを検索すると必ず「最新の利用規約をご確認ください」と記載があるということは、つまり規約は変更の可能性もあるわけです。

　利用規約を読むとこのような記載があります。（2024年2月時点）

• あなたの権利:
サービスを使用して作成したアセット（画像など）については、適用される法律の下で可能な限りの所有権を持ちます。ただし、年間収益が1,000,000米ドルを超える企業またはその従業員は、「Pro」または「Mega」プランに加入している必要があります。

• Midjourneyに与える権利:
サービスを使用することにより、Midjourneyに対して、入力したテキストや画像プロンプト、およびサービスを通じて生成されたアセットを永続的に、世界中で非独占的に、サブライセンス可能で、無償の、著作権ライセンスを付与します。

　著作権全般に言えることですが、個人的に楽しむ私的利用の場合には無許諾で利用することができますが、仕事で使う場合には細心の注意が必要です。コンテンツ認証情報を付与していないMidjourneyが、どの画像から学習して生成しているかは知る術がありません。

今後、法整備がされていく過程段階であることを考えると、現在のところ、ア イディア出しや下書きに利用するのが現実的といえるでしょう。

　また、私的以外の利用の場合には以下の点などに注意するとよいでしょう。

- プロンプトに作家名や作品名等を入れない。著作権者に無断でプロンプトに利用する行為 は原則として著作権侵害に当たります。

- 公開時にはAIで生成したことを表記する。

- Nijiモデルは特に注意が必要です。Nijiモデルは、特定のスタイルやアーティストの作品に触 発された画像を生成することができるため、その生成物を商用目的で使用する際には、著作 権侵害のリスクが高まる可能性があります。

My ImagesとExplore

My Imagesは画像を日付別に一覧管理できるほか、アップスケールした画像だけを検索するなどの検索機能も備えています。プロンプトのコピーや画像のダウンロード、画像の場所にリンクを飛ばすこともできます。

Exploreページは膨大なギャラリーです。気になる画像をクリックすると、自分のギャラリーと同じようにプロンプトのコピーや画像のダウンロードなどができます。

My Images　https://www.midjourney.com/imagine

Explore　https://www.midjourney.com/explore

プロンプト作成に便利なツール

　「**midjourney-prompt-generator**」は、プロンプト作成を手助けしてくれるプラグインです。入力欄に希望の内容を入れ、画角を決めてボタンを押すと、瞬時に10種類のプロンプトが表示してくれます。自分では思いつかないユニークなものも多く、テキストデータなので修正も簡単。他のプロットと併用してアイデアのブラッシュアップにも使えます。

　「**Visual prompt builder**」は、プロンプトをビジュアルで選び組み合わせられるWebサイトです。アーティストや様式、アートスタイルなど一覧できるので、イメージを膨らませたいときに覗いてみると良いかもしれません。

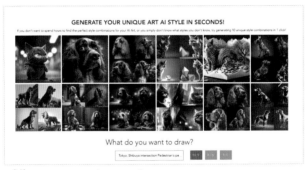

midjourney-prompt-generator
https://www.howtoleverageai.com/midjourney-prompt-generator

Visual prompt builder
https://tools.saxifrage.xyz/prompt#

Ideogram

2-8-1

Ideogramとは

　Ideogram（アイディオグラム）は、数ある画像生成プラットフォームの中でも**タイプデザインが一歩先を行く印象**のサイトです。Tシャツデザインやロゴなど、テキストを含むイメージ画像を作成したいときに試したい生成AIです。

　現在、Googleサインアップにのみ対応しており、サインアップすると、すぐに無料で試すことができます。

Ideogramの料金プラン

　Ideogramの料金プランにはフリー（無料）、ベーシック、プラスの3種類が用意されています。有料版と無料版では、生成できる回数や生成画像のダウンロード形式に違いがあります。有料プランには スケッチを描くように色や構図、タイポグラフィを制御できるIdeogram Editorという機能が含まれています。

　料金プランは下図のとおりです。

項目	Free	Basic	Plus
サービス名称	Ideogram		
提供会社	Ideogram社		
公式URL	https://ideogram.ai/		
料金	無料	$7/月	$16/月
優先生成	-	1600画像/月 （400プロンプト/月）	4000画像/月 （1000プロンプト/月）
通常生成	100画像/日 （25プロンプト/日）	400画像/日 （100プロンプト/日）	無制限
ダウンロード 形式	JPG	PNG	PNG
Ideogram Editor	-	○	○

※2024年2月時点
　内容は変更になる場合があります。最新情報はウェブサイトでご確認ください
　https://ideogram.ai/

Ideogram Editorの画面。生成した画像の色や構図などを編集することができる

テキストを含む画像を生成する

　Ideogramの使い方はプロンプトを入力するだけ。1つのプロンプトから4つの画像が生成されます。そこから好きな画像をリミックスしたり自分好みの方向へプロンプトを工夫していくのはMidjourneyと同じです。

PROMPT

Detailed 17th century French engraving of the word "Lemon" underneath a herbarium lemon painting, dainty oval frame with parisian elements

（ハーバリウムのレモンの絵の下に「レモン」の文字が刻まれた17世紀フランスの詳細なエングレーヴィング、パリジャンの要素を取り入れた可憐な楕円形のフレーム）

RESULT

さまざまなタイプデザインが生成されて楽しいです。ただし、内容によっては「文字だけ」と強調しないとファンシーなイラストが入ってしまうので、調整しながら作成します。

　下記のプロンプトはさまざまに応用できる内容です。ぜひ「""」内を入れ替えて試してみてください。

Poster with just the words "Harvest Festival in the Lemon Grove".Print for poster, t-shirt, bags, postcard, sticker. Simple cute vector

（"Harvest Festival in the Lemon Grove"の文字だけのポスター。ポスター、Tシャツ、バッグ、ポストカード、ステッカーに。シンプルでかわいいベクター素材）

AIいらすとや

AIいらすとやとは

高品質でかわいらしいイラストを提供してくれる素材サイト「いらすとや」。個人利用、商用利用ともに無料で利用できるため、お世話になったことがある方も多いのではないでしょうか。

その「いらすとや」風の画像を生成できるサービスが「AIいらすとや」です。「AI素材.com」と「いらすとや」がコラボしたサイトで、テキストによるプロンプトや参考画像を使って、画像を生成することができます。

AIいらすとやの料金プラン

　AIいらすとやの料金プランには無料と有料の2種類が用意されています。無料プランは「お試し」といった感じですが、有料プランはすべてのサービスを無制限で利用することができます。なお、無料プランを利用する場合も登録は必要です。登録はGoogleアカウントでできます。

　料金プランは下図のとおりです。

項目	無料プラン	Proプラン
サービス名称	AIいらすとや	
提供会社	AI Picasso	
公式URL	https://aisozai.com/irasutoya	
料金	無料	月払い1,480円/月（税込） 年払い11,760円/年（税込）
素材検索	○	○
素材生成	20枚のみ	無制限
ダウンロード	生成画像＋3枚	無制限
バリエーション生成	○	○
透かし削除	生成画像＋3枚	無制限
素材カスタマイズ	20枚のみ	無制限
ライセンス表示なし	×	○

※2024年2月時点
　内容は変更になる場合があります。最新情報はウェブサイトでご確認ください
　https://aisozai.com/irasutoya

いらすとや風の画像を生成する

AIいらすとやは、プロンプトを入力するといらすとや風の画像を生成してくれます。うまくいかないときは、[**AIでプロンプトを最適化**]ボタンをクリックすれば、英文のプロンプトを作成してくれます。右図は「残業して困っている猫たち」と入力後、[**AIでプロンプトを最適化**]をクリックして英文に変換した状態です。

画像生成

プロンプト ⑦

- A group of exhausted cats crouched behind computer screens, typing furiously to meet a deadline. Office setting, dim fluorescent lighting, cluttered desks, sleepy expressions.
- A cat in business attire, wearing glasses and holding a coffee cup

AIでプロンプトを最適化

キャラクター

PROMPT

残業して困っている猫たち
※[AIでプロンプトを最適化]ボタンをクリックして英文に変換

↓

RESULT

テキストによるプロンプトだけでなく、参考画像をアップロードすることもできます。また、生成する画像の縦横比や背景透過の有無、ネガティブプロンプトなど、詳細を設定することもできます。

余談ですが、Adobe Expressでも、テンプレートを選んでから**[アドオン]**（左下の方にあります）で「Irasutoya」と検索すれば、いらすとやの素材が使えるようになっています。

3

動画編集×AI

3-1

動画編集で使われているAI機能

この章で紹介すること

　2023年、Chat GPTや生成AIが一気に実用化され注目されていますが、実は、もう何年も前から、多くのAI機能がクリエイティビティをサポートしてきていました。特に動画編集の世界では、独自のAI技術を動画編集ソフトウェアに導入することでプロセスが効率化され、強力なサポートとなっている機能がたくさんあります。

　この章では、そんな今も進化し続けているAI機能を動画編集に絞り、紹介していきます。

Adobe Sensei

「Adobe Sensei」は**Adobeが提供する人工知能（AI）とマシンラーニングを組み合わせたテクノロジーの総称**です。

たとえばPhotoshopの［被写体を選択］コマンドを使うと、何も指定しなくても「これが被写体ね」と認識して選択してくれる。これがAdobe Senseiのテクノロジーです。

Photoshopの［被写体を選択］をクリックすると、被写体を自動で認識し、選択範囲を作成してくれる。

DaVinci Neural Engine

DaVinci Neural Engineは、Blackmagic Designの**映像編集ソフトウェア「DaVinci Resolve」に組み込まれているAI技術**です。

AIを使って高機能なエフェクトを適用したり、時間のかかる作業を大きくスピードアップするなど、「高機能で高速」という、動画編集にとって重要なキーワードが多岐にわたり効果を発揮しています。

※DaVinci Neural Engineの機能の多くは有償版のみの機能です。有償版は買い切りかつメジャー・アップデートも無料です。

Adobe Premiere Pro

Premiere Proとは

Premiere Proは、アドビの動画編集ソフトウェアです。プロフェッショナルな
ビデオ編集を行うためのツールとして広く使用されており、映画、テレビ番組、
ウェブコンテンツ、YouTubeビデオなど、さまざまなメディア制作に利用され
ています。

Premiere Proは、直感的で使いやすいインターフェースを備えており、
ビデオの編集、カラーグレーディング、オーディオ編集、効果の追加、タイトル
や字幕の作成など、幅広い機能を提供しています。また、Adobe Creative
Cloudとの統合が図られており、After EffectsやPhotoshopなどの他の
アドビ製品とシームレスに連携することができます。

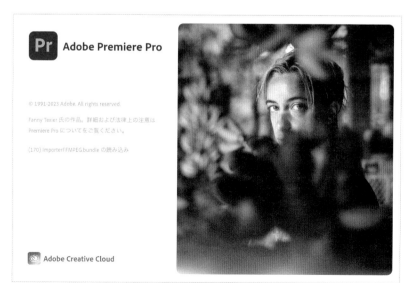

革新的な機能・自動文字起こし

　私たちが日常的に視聴している動画コンテンツには、当たり前のようにテロップが付いています。しかし、動画を制作する側からすると、映像を見ながら会話を聞いて文字を起こし、テロップを作成するのは、とても手間がかかる作業でした。

　しかし、AI機能が搭載された現在のPremiere Proでは、**動画クリップを読み込むと、会話を自動で文字に起こしてくれる**ようになりました。おまけに**テロップまで作成してくれます**。この新機能によって、動画クリエイターたちは大幅な時短が可能になりました。まさにAIがもたらしたクリエイティビティへの強力アシスト。限られた時間をより創造的に使えるようにしてくれた革命的進化でした。

　AIによるPremiere Proの革新的アップデートは自動文字起こしだけではありません。**文字起こししたテキストを編集すると、動画のカット編集もしてくれます**。つまり、テキストベースでの編集が可能になったのです。

　自動文字起こしで得られたテキストデータで、いらないところを削除したり並べ替えたりすると、そのまま連動して、映像もカットや並べ替えがされるようになったのです。

自動文字起こしのやり方

　PremiereProの自動文字起こしのやり方を見てみましょう。

　映像を選択する画面の右側**[読み込み時の設定]**の中に**[自動文字起こし]**があります。これをオンにすれば、これから読み込む映像を自動で文字起こししてくれます。

　映像内に複数のスピーカーがいる場合は、**[スピーカーのラベル分け]**でスピーカーを区別する設定にしておくと、後の作業がスムーズです。

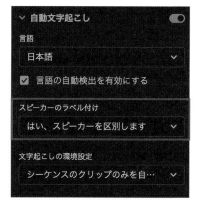

映像を読み込むと文字起こしも完了します。スピーカーを区別する設定にしておくと、文字起こしも「話者1」「話者2」といった具合に識別してくれます。もちろん、スピーカー名を後から変更することもできます。

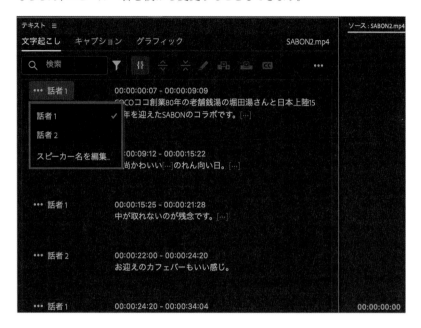

以前は、映像を見ながら会話を聞いて文字をおこすという、手間と時間のかかる作業だったことが、AIのおかげで一瞬でできてしまうようになりました。

テキストベースの編集

[自動文字起こし]で作成されたテキストを編集すると、映像のほうも同様に編集されます。これがテキストベースの編集です。やり方を見てみましょう。

[…]は無音部分です。[インとアウトポイントを自動設定]をオンにしておけば、テキスト上で[…]を選択すると、タイムライン上のその部分だけを選択することができます。そのまま削除することもできます。

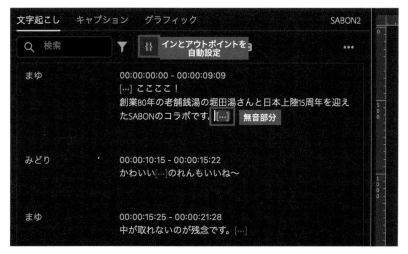

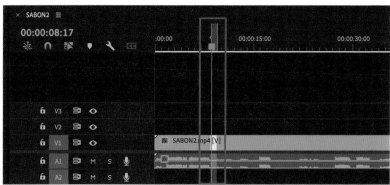

文字起こしで得られたテキストデータの無音部分[…]を選択すると、[タイムライン]のその部分が選択される

[**ロート**]ボタンで[**語間**]を選ぶと無音部分を一括で選択することができます。[**すべて削除**]または個別に[**削除**]することができます。さらに、「えー」や「あのー」などフィラーワードも検出し、削除できるようになりました。インタビューや対談など、長尺の動画編集を行う際に役立ちそうな機能です。

[**ロート**]ボタンをクリックし、[**一時停止**]を選ぶと、[…]（無音部分）を一括選択することができる

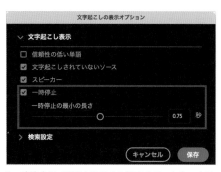

[**一時停止**]と認識する長さを設定することもできる

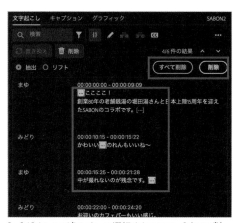

[…]がオレンジ色になって選択されている。[**すべて削除**]、または個別に[**削除**]することができる

無音部分をすべて削除した後のタイムライン。手動で行うと時間のかかる作業だが、AI機能を活用することにより、時短が可能になった

　さらに、**テキストを削除したり移動したりすると、タイムライン上の映像もその通りにカット編集されて**いきます。

キャプションの作成

　キャプションの作成も1クリックでできます。しかも、文字起こしの時よりもさらにスピーディー。例えば15分のインタビュー動画であれば(マシンスペックにもよりますが)、5〜10秒程度で完成してしまいます。

　テキストスタイルをあらかじめ作成しておけば、最初から希望のデザインでキャプションが完成。文字数や行数なども、あらかじめ設定できます。

　作成したキャプションの修正 (文字変更、分割や合体など)は、[キャプション]パネルで書き換えるだけ。テキストスタイルも、後から変更して全体に適用することも可能です。

　[エッセンシャルグラフィックス]というタイトルスタイルにアップグレードして、モーションやエフェクトなどを使った凝ったタイトルにすることも簡単にできてしまいます。

キャプションのテキストスタイルや1行の長さなどを設定できる

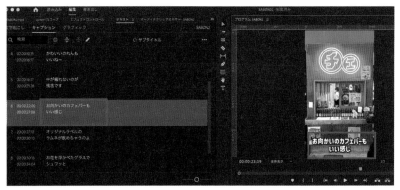

[キャプション]パネルでテキストを書き換えると、映像内のキャプションも書き換えられる

曲の尺を自動調整できる「オーディオリミックス」

「リミックス」とは、既存の曲をミキシングしなおして、長さやリズム、音色を編集する作業、あるいは、そうしてできた曲のことを指します。

Premiere Proのオーディオリミックス機能は、**AIが曲を解析して、指定した尺に合わせて自動で曲をリミックスしてくれる機能**です。

どのような手順で行うのか見てみましょう。

まずはBGMで使用する曲を選びます。曲選びもPremiere Proの中でできます。**[エッセンシャルサウンド]**パネル>**[参照]**で、ムードやジャンルを選び、フィルターをかけて絞り込みます。試聴して、気に入ったものを**[タイムライン]**にドラッグ&ドロップで配置します。

配置したBGMを映像の尺に合わせます。

[ツールバー]にある[リップルツール]を長押し
>[リミックスツール]を選択し、希望の尺までドラッグ
します。すると、AIが自動的に音楽を最適な尺に
調整してくれます。

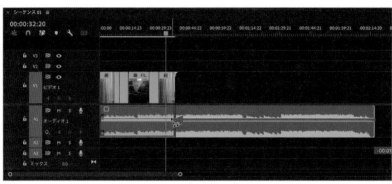

　この機能のすごいところは、単に音楽をカットするのではなく、AIが瞬時に
曲を解析し自然な形で再構築してくれることです。

　また、再構築後のBGMに表示されてる波線はセグメント部分です。±5秒
の範囲ですが、そこは必要に応じて調整したりフェードをかけたりすることが
できます。

[エッセンシャルサウンド]パネルは、ノイズ除去や音量調整など、オーディオを最適化するための加工や作業を行うための機能が集まっています。さらに、[デュレーション]で数値調整したり、[セグメント]をカスタマイズすることもできます。

オーディオにこだわりたい場合は、このパネルを利用するのがおすすめです。直感的に操作できるパネルなので、いろいろ試して好みの音を探してみるとよいでしょう。

BGMの音量を自動調整する「オートダッキング」

映像作品にBGMを入れるとき、ナレーションや会話が入るところでタイミンBGMの音量を下げます。これは、ナレーションや会話を聞き取りやすくするための演出で「ダッキング」といいます。「オートダッキング」とは、このダッキング＝BGMのボリューム調整を自動で行ってくれる機能のことです。

オーディオリミックスも、オートダッキングも、元々は音の専門アプリ「Adobe Audition」に搭載されている機能でした。これらの機能がPremiere Proでも使えるようになり、高度な音の編集をPremiere上でも手早く行うことができるようになりました。

オートダッキングはどのような手順で行うのか見てみましょう。

ダッキングを適用したい音楽トラックを選択し、[**エッセンシャルサウンド**]パ
ネルで[**ミュージック**]としてタグ付けします（Premiere Pro Ver.24.0からは
自動タグ付け機能も追加されました）。[**ダッキング**]にチェックを入れて、ダッ
キングターゲットで[**会話**]マークを選択。[**キーフレームを生成**]ボタンをクリッ
クすると、瞬時にキーフレームが打たれ、ダッキングされます。

聞いてみて、感度や適用量など、細かく調整していくことも可能です。

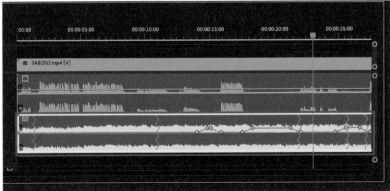

スピーチを強調（ベータ版）

　雑踏の中でしゃべりながらスマホで撮影したら、ス雑音でピーチが聞き取れない…。そんなときに役立つのが、新機能**[スピーチを強調]**です。

　今までもノイズや雑音を軽減する機能はありましたが、強い雑音を消そうとすると、スピーチもひずんでしまうのが難点でした。

　しかし、**[スピーチを強調]**は、AI技術でスピーチそのものを音声分離して処理するため、スピーチの音はそのままに、雑音だけをきれいに消すことができます。適用後のスピーチの美しさは驚くばかりです。

　[スピーチを強調]はどのような手順で行うのか見てみましょう。

　[拡張]をクリックすると、解析がスタート。ボタンに触れたときに表示される説明のとおり、背景のノイズやエコーを除去し、プロフェッショナルなスタジオで録音されたような音声録音を実現してくれます。さらに**[ミックス量]**をスライダーで調整すれば、少し雑踏の音を環境音として残すこともできます。

　同じ機能をAdobe Podcastでも体験できます。

　Enhance Speechのページでサンプル音声を試聴したり、自分のデータをアップロードしてスピーチを強調し、ダウンロードすることも可能です。

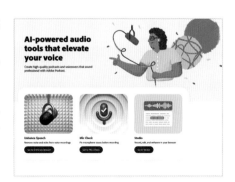

AI機能を使ったカラーマッチ

　同じシーンを異なるカメラで撮影したとき、色合いを合わせるのに苦労することがあります。そんなときに役立つのがAI機能を使った[カラーマッチ]です。

　使い方は簡単。[一致を適用]をクリックするだけです。ワンクリックでカラーを自動調整してくれますが、必要であれば、その後、手動で微調整してもよいでしょう。いずれにしても、すべて手作業でやるよりはるかに簡単で時短にもなります。

マッチさせたいアートワークを使って、カラーで世界観を表現することもできます。

　下の例では、2人の少女のショットにバービーのピンクの世界観を少しプラスしてみました。少女のショットがほんのりピンクがかった優しい世界観に変化しました。

　もちろん、いくらAIでも、あまりにかけ離れたショット同士をマッチさせることはできません。しかし、この機能を使えば表現の幅がどんどん広がることは間違いないでしょう。どんなショットとショットをカラーマッチさせるか、いろいろ試してみると新しい発見があるかもしれません。

映像編集にAdobe Fireflyが統合された未来

　ここまで、Adobe SENSEIを使った多くの機能が映像編集に使われていることを紹介してきました。

　では、第2章で取り上げたような生成AIは、今後どのように映像編集と統合されていくのでしょうか？　期待が高まるところです。

●テキストによるカラー編集

　生成AIがワークフローに直接統合されれば、どのような未来になるのでしょうか?

　Adobe Fireflyが発表され、Adobe PhotoshopやAdobe Illustratorなどアプリケーションに統合する計画も発表された2023年春、ビデオ製品にAdobe Fireflyが統合された未来の可能性、検討中のユースケースのプレゼンテーションはとてもエキサイティングな内容でした。

　その中のひとつが「**テキストによるカラー調整**」です。これは、簡単なプロンプトで収録済み動画のトーンやムード、時間帯などを瞬時に変更することができる機能です。

　他にも、

・シーンに合ったBGMやSEをプロンプトで生成

・脚本テキストをAIで解析し、ストーリーボードを自動生成

・合間に挟むBロールクリップ（補足的なイメージショット）を提案

などが未来の可能性として紹介されました。

このシーンをゴールデンアワー[※]にして
※日没後に数十分程体験できる薄明かりの時間帯。マジックアワーとも呼ばれる。
つまり、実際に撮影するのはとても難しい!

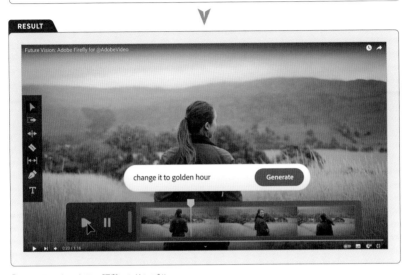

「テキストによるカラー調整」のサンプル

2023年春に発表された検討中の機能を紹介するデモムービー

●Project Fast Fill

　Adobe MAX Japan 2023 Sneaks（今後Adobe Creative Cloud製品に搭載されるかもしれない現在開発中の最新機能を紹介するプログラム）で紹介されたデモンストレーションでは、未来のアドビ製品に採用されるかもしれない最先端の実験的なテクノロジーの数々が先行公開されました。

　なかでも**[Project Fast Fill]**は、Photoshopの項で紹介した、AIによる**[生成塗りつぶし]**機能を映像編集に応用したものです。
　Photoshopの**[生成塗りつぶし]**は、写真（静止画）の中で不用物を違和感なく消したり、新しいオブジェクトを生成したりできる機能ですが、**[Project Fast Fill]**は同様のことを動画で行ってくれる機能です。

　例えば、右例では動画内にある不要な電柱や街灯を選択し、**[Project Fast Fill]**を適用しています。結果を見ると一目瞭然ですが、複雑な形状のオブジェクトでも違和感なくきれいに消し、その部分の背景も自然に仕上げてくれています。
　[Project Fast Fill]のすごいところは、**1フレーム上でオブジェクトを編集すれば、残りのビデオフレームにも自動的に反映される**ということです。つまり、**[生成塗りつぶし]**並みの手軽さで、ハイレベルな映像編集が可能になるのです。さらに、**[生成塗りつぶし]**と同じように、4パターンずつ候補を表示してくれるので、好みの結果を自分で選ぶことができます。

プロンプトには何も入れず、電柱と街灯を削除した

女性のマスクを選択して「smile」とプロンプトを入れた

PROMPT

RESULT

芝生の一部を選択して「pond」とプロンプトを入れた

Adobe After Effects

After Effectsとは

　After Effectsは、アドビの映像制作ソフトウェアです。主に動画の合成、ビジュアルエフェクト、タイトルの作成、モーショングラフィックスの制作など、クオリティの高い動画やアニメーションを作成するための重要なツールとなっています。

　After Effectsは、静止画や動画、オーディオなどの素材をレイヤーとして組み合わせ、加工、アニメーション化することができます。PremiereProが長尺の動画編集に向いているのに対し、After Effectsはショートムービーを得意としています。

コンテンツに応じた塗りつぶし

　After Effectsの**[コンテンツに応じた塗りつぶし]**は、Adobe Senseiを利用して**不要なオブジェクトをビデオから削除する機能**です。ビデオ内に映り込んだ不用物をマスクし、その部分を他のフレームから取得した新しい画像に置き換えて塗りつぶすことができます。

　手順を見てみましょう。

　まず、塗りつぶしたい部分にマスクを作成します。ここでは背景に映り込んだ人物を消してみます。マスキングの選択範囲はざっくりでOKです。

　[コンテンツに応じた塗りつぶし]パネルで**[塗りつぶしレイヤーを生成]**をクリックすると、Adobe Senseiが分析をスタートします。

　[塗りつぶし方式]は対象により選択。対象が動いている場合は、さらにトラッキングも必要になります。

209

分析が終わると、フレームの数だけpngファイルが作成され、置き換えられます。しかし、うまく塗りつぶせていません。周囲のフレームから取得したピクセルを使用して塗りつぶすため、人工物などは不得意な傾向にあります。

そこで、[リファレンスフレームを作成]をクリック。Photoshopが起動するので、不用物を[生成塗りつぶし]で削除します。こうして先頭と最後のリファレンスフレームを作成したら、After Effectsに戻ります。するとリファレンスフレームが自動配置されています。

再度[塗りつぶしレイヤーを生成]をクリックすると、今度はリファレンスフレームから取得した情報で作成するので、綺麗に完成しました。

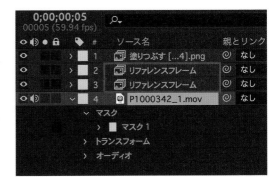

PROMPT

RESULT

After Effectsでマスクをした部分にPhotoshopの[生成塗りつぶし]を使って不用物を削除した画像（リファレンスフレーム）。Photoshopで先頭と最後のリファレンスフレームを作成後、After Effectsに戻り、[塗りつぶしレイヤーを生成]をクリックすると、リファレンスフレームから取得した情報で塗りつぶしレイヤーが生成されるため、きれいに仕上がる

新しくなったロトブラシ

[ロトブラシ]とは、**映像の動いているオブジェクトを選択してマスクし、背景から分離するためのツール**です。

映像でフレームごとに切り抜く作業は膨大な時間を要する作業。新しいAIモデルを搭載したロトブラシ3.0では、髪の毛や重なる手足など、複雑なオブジェクトへの切り抜き精度が飛躍的に向上したため、作業時間が大幅に短縮されるようになりました。

使い方を見てみましょう。

[**タイムライン**]で対象のレイヤーをダブルクリックし、[**レイヤー**]ウィンドウで作業します。[**ロトブラシ**]ツールを選択し、対象の内側に線を描きます。するとAIが自動でエッジを検出し、対象を選択してくれます。

この作業を何度か繰り返し、切り抜きたいオブジェクトの選択範囲を作成していきます。

[ロトブラシ]ツールを選択し、対象の内側に線を描く

AIがエッジを検出し、選択範囲が作成される。これを繰り返して対象全体の選択範囲を作成する

[**ロトブラシ**]ツールで対象の選択ができたら、[**アルファオーバーレイ**]表示にして確認してみます。よく見ると、髪の毛の細かいところがきれいに抜けていません。

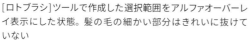
[ロトブラシ]ツールで作成した選択範囲をアルファオーバーレイ表示にした状態。髪の毛の細かい部分はきれいに抜けていない

　そんなときに役立つのがもうひとつの強力なツール[**エッジを調整**]ツールです。髪の境界線をなぞると、細かい部分のエッジを検出し調整してくれます。

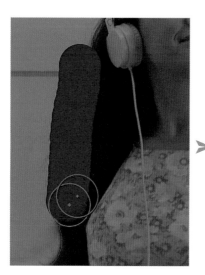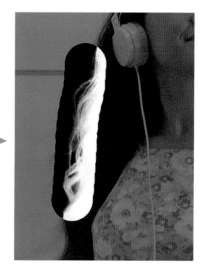

このようにして選択した対象物を背景と分離すれば、さまざまなアレンジが
できるように。背景の変更や、モーショングラフィックスをと組み合わせたポップ
な演出など、表現の幅が大きく広がります。

DaVinci Resolve

3 - 4 - 1

DaVinci Resolveとは

DaVinci Resolve(ダビンチ・リゾルブ)は、編集、カラーグレーディング、VFX(ビジュアルエフェクト)、モーショングラフィックス、オーディオ編集など、**多岐にわたる映像制作タスクを行うためのオールインワンのソフトウェア**です。ハリウッド映画御用達と言われる高機能性と無料版の提供で、幅広いユーザーに利用されています。

DaVinci Resolveは無償版でもほとんどの機能を使うことができますが、AIテクノロジーを使うDaVinci Neural Engine(ダビンチ・ニューラルエンジン)の機能の多くは無償版では使用できません(有償版は買い切りで、バージョンアップによるアップデートも無料です)。

ここでは、DaVinci Neural Engineで使える機能の一部をご紹介します。

DaVinci Resolveは、高度な映像編集、カラーグレーディング、オーディオポストプロダクション、そしてビジュアルエフェクトを一つのソフトウェアで提供する統合型ソリューションです。すべての機能は画面下部のボタンで簡単に切り替えて使うことができます。

DaVinci Resolveでは、作業内容によって、下部にあるボタンでインターフェイスを切り替える。上図は[カラーページ]を選択している状態

AI顔補正 (フェイス修正)

[AI顔補正]は、その名の通りAIを使って人物の顔を補正する機能です。顔全体の調整はもちろん、パーツごとのレタッチも可能です。

使い方を見てみましょう。

まずは画面下部の[カラーページ]ボタンを押して、ワークスペースをカラーページに切り替えます。

[フェイス修正]エフェクトを適用し、[分析]ボタンを押すと、フェイスをパーツごとに認識してトラッキングします。

トラッキング済みのため顔のパーツごとにレタッチすることもできます。目の下のくまの除去、自然なチークを入れる、額や唇などのレタッチもできます。

静止画ではなく、動画にこの処理ができる専用エフェクトはとても便利です。

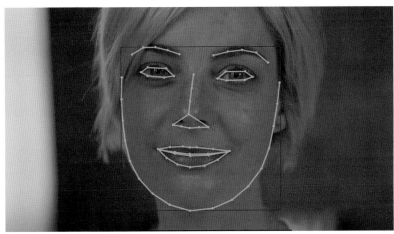

目の下のくまを薄く、頬に赤みをプラスし、肌
をきれいに整えた

TIPS

AIによるトラッキングはありませんが、新しく追加されたエフェクト[**ウルトラビューティー**]
も顔補正においては強力なツールです。

顔の補正は手をかけすぎると不自然なマット状態になりますが、そこからディテールを戻し
て自然な状態に戻してくれます。肌の質感や美しさを強化し、より自然で洗練された結果
を得たいときは[**ウルトラビューティー**]を使ってみるとよいでしょう。

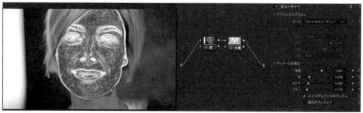

AI文字起こしとテキストベースの編集

　AIによる文字起こしとテキストベースの編集は、DaVinci Resolveにも用
意されています。

　テキストベースの編集の機能はベー
シックな編集を行うワークスペース[エ
ディットページ]で使うことができます。
　[タイムライン]メニューの[オーディ
オから字幕を作成]をクリックすると、
文字数などを確認する[字幕を作成]
画面が表示され、字幕が作成されま
す。

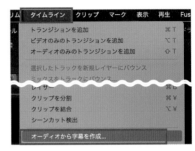

　日本語の認識もかなり正確で、
YouTubeなどの字幕入れなどにも、
便利に使えます。インアウト間のみの
作成や、トラック単位で文字を調整する
こともできます。

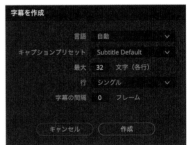

テキストベースの編集は、[**メディアプール**]（素材置き場）で右クリックして [**自動文字起こし**]を選択します。

文字起こしパネルが表示され、ハイライトした部分がインアウト表示されます。

右下のボタン[**挿入**]または[**末尾に追加**]で、[**タイムライン**]に配置していけます。

[**文字起こし**]パネルで文字を検索して、欲しい箇所を手早く正確に見つけることもできます。長尺の編集にはかなりの時短が期待できそうです。

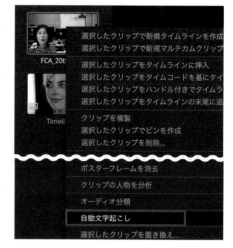

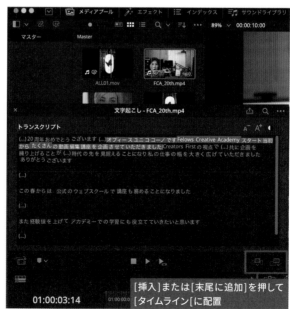

[挿入]または[末尾に追加]を押して [タイムライン[に配置

マジックマスク（AI自動マスク作成）

　[マジックマスク]は、**ターゲットに自動的にマスクを作成して切り出し、トラッキングする機能**です。[**カラーページ**]で[**マジックマスク**]のモードを選択し、ビューワーでマスクをかけたい対象物（人物やオブジェクト）をドラッグして線を描きます。

　下図は肌の色を調整する場合です。顔・胴体・腕の皮膚露出部に線を描き、マスクを作成しています。マスクされた部分は赤くなります。

　[**再生**]ボタンをクリックしてトラッキングを開始します。これにより、選択した対象が動画内で動いても自動的に追跡されます。

皮膚が露出している部分に線を描いて選択

マジックマスク

[オブジェクトマスク]または[人物マスク]からモードを選択

右の例では、人物全体を選択してからマスクを反転し、背景を選択。その後、背景にブラー（ガウス）をかけてぼかしています。

さらにこちらは、背景にアルファチャンネルの出力を追加してマスク部分を透明化しました。透明になった背景に他の映像を入れて、背景の差し替えを行っています。

深度マップ（AI奥行き検出）

　[深度]エフェクトでは、**動画内の物体をAIが自動的に遠近判別してくれま
す**。これにより、映像内の前景と背景を分離して、異なるエフェクトやグレーディ
ングを適用することが可能になります。

　[深度]エフェクトを適用すると、映像がモノクロの濃淡で表示され、被写体
の距離(デプス)で切り分けられます。

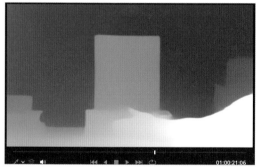

　[**マップレベルを調整**]にチェックを入れると、その下の遠近スライダーが有
効になります。[**特定の深度を分離**]の[**分離**]にチェックを入れて、それぞれに
効果をつけていきます。

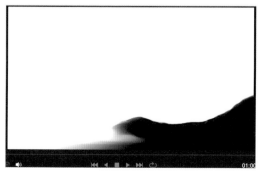

レイヤーノードに分けて、背景は中央のモニター画面が明るく見えるように
やや暗く、手前の腕はライトでオレンジがかるように調整しました。

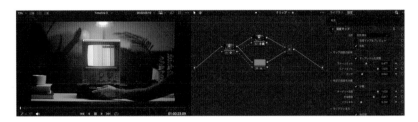

AIバーチャル光源追加（リライト）

DaVinci Resolve 18.5の新機能のひとつとして大きく話題になったResolve FXの[リライト]機能です。この機能では、撮影後の映像にライトを追加して照明を再編集することができます。

前述の[深度マップ]を解析し、シーンを奥行きも含めた3D空間として捉えるので、今までの「面」に対するライトとは異なり、立体的な陰影のある、リアルなバーチャル光源を追加することが可能になりました。

[リライト]には[方向][ポイント][スポットライト]の3種類のモードがあります。環境光を調整したり、ポイントにライトを1灯追加したような効果をつけるなど、さまざまなクリエイティブな作業に活用できます。

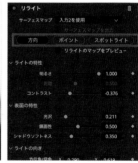

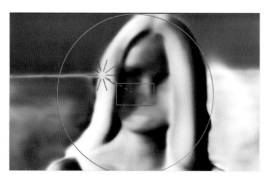

[方向]モードを設定。白い部分がライトの当たっている箇所、黒い部分が影の箇所。ライトの向きを変えながら調整していく

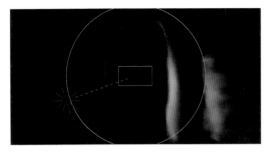

ライトの向きを調整後、ライトの色を赤にしてみた

　[深度マップ]を生成する作業は現状では重いため、[深度マップ]の作業と[リライト]を別ノードに分けると効率的です。

　とはいえ、DaVinciが常にマシンの進化に最適化していくことを考えると、このリライト機能もすぐ先の未来にはスムーズに動く標準的な機能になることでしょう。

AI音声ノイズ除去（ボイスアイソレーション）

[ボイスアイソレーション]は
AIによる高度な処理で音声とノ
イズを識別し、分離する機能で
す。

[オーディオ]設定の[voice
Isolation]をONにするだけ
で、背景ノイズが多い環境の映
像からでも、クリアな音声を得る
ことができます。適用量もレバー
操作で簡単に調整できます。

音声編集とミキシングのための[Fairlight]ページでは、トラック単位で適用
することも可能です。

AIによるショットマッチ（カラーマッチング）

　[ショットマッチ]は、**異なるショットの色調をAIが自動的にマッチしてくれる機能**です。

　使い方は、色を合わせたいクリップを選択して右クリック>[**このクリップにショットマッチ**]を選択するだけ。複数クリップの選択も可能です。

　DaVinci Neural Engineの恩恵を受けて、さらに精度とクオリティが増したAIショットマッチ。ワンクリックで、異なるショットの色調やコントラスト、明るさをマッチさせてくれる便利な機能です。大幅に時間を節約する上に、満足いくクオリティの結果を得ることができます。

　さらに微調整を行う場合には、カラーページの柔軟で細やかな調整機能を直感的に楽しめます。

　ぜひ好きなシーンをリファレンスにして絶妙なマッチを試してみてください。

Runway

3 - 5 - 1

Runwayとは

　米Runway(ランウェイ)は、革新的なAIを活用した動画生成サービスの提供で最前線に立っています。

　フラッグシップモデルであるGen2が、画像やテキストプロンプトからビデオを生成する技術は大きな話題となり、Midjourneyで生成したAI画像をGen-2を使って動画化した映像をネットで見た方も多いのではないでしょうか。

　他にも映像の背景を削除したり、スーパースローモーションや、カラーグレーディングのLUTを生成したり…。インターネット上でAIのさまざまな可能性を体験することができます。

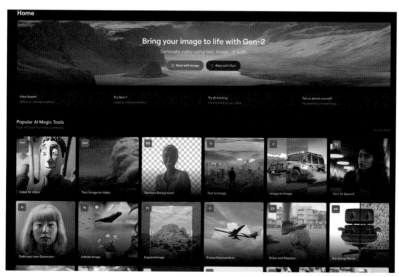

Runwayの料金プラン

　Runwayの料金プランには、ベーシック（無料）と3種類の有料プランが用意されています。さらにエンタープライズ（企業・法人向け）プランも用意されていて、こちらは要問い合わせとなっています。

　Gen-2の場合、1秒あたり5クレジットかかるため、25秒までの生成、最大デュレーションが16秒になります。解像度を上げたりウォーターマークの削除はできません。Standard版はGen-2の場合は125秒までの生成、解像度をアップスケールし、ウォーターマークを削除します。

　動画生成はクレジットをあっという間に消費するため、どの程度使いたいかでプランを検討する必要がありそうです。

項目	Basic	Srandard	Pro	Unlimited
サービス名称	Runway			
提供会社	Runway社			
公式URL	https://runwayml.com/			
料金	無料	$15/月	$35/月	$95/月
クレジット	125	625/月	2250/月	無制限
Gen-1 （映像から 映像生成）	最大約9秒 （1秒あたり 14クレジット）	最大約44秒 （1秒あたり 14クレジット）	最大約160秒 （1秒あたり 14クレジット）	無制限
Gen2 （テキストから 映像生成）	最大25秒 （1秒あたり 5クレジット）	最大125秒 （1秒あたり 5クレジット）	最大450秒 （1秒あたり 5クレジット）	無制限
ウォーターマーク	削除不可	削除可	削除可	削除可
アセット	5GB	100GB	500GB	無制限

※2024年2月時点
　内容は変更になる場合があります。最新情報はウェブサイトでご確認ください
　https://runwayml.com/

Runway Gen2

　Runway Gen2では画像から映像を生成することができます。

　使い方を見てみましょう。

　まずは、画像ファイルをドラッグしてアップロードします。映像をテキストから生成する[TEXT]タブ、画像から生成する[IMAGE]タブ、画像にプロンプトをプラスする[IMAGE+DESCRIPTION]タブのどれかを選びます（下図では[IMAGE+DESCRIPTION]タブを選択）。

　プロンプトに[smile]と入力して、[Generate 4s]ボタンをクリックすると、4秒の動画が生成されます。なお、左下の[3]に設定しているのがモーション値で、この数値で結果が大きく変わってきます。

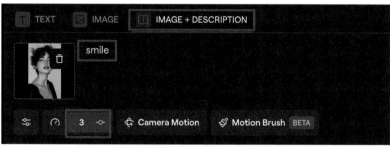

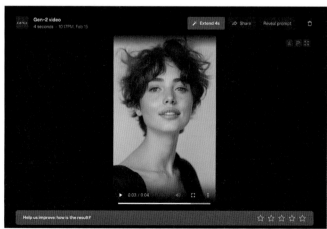

風に髪がなびき、わずかに微笑む動画が生成されました。画像生成と同じくガチャ要素が強いので、モーション値やプロンプトを調整しながら欲しい映像に近づける必要があります。

　下例は、わずかにえくぼができて微笑んでいる上手くいった例です。

　現状ではイラストよりも**写真的な画像のほうが上手くいきやすい**など相性があるようです。突然違う人の顔に変化してびっくりすることもありました。上手くいくときは、まばたきをするなど、かなり自然な動画として生成されます。

Motion Brush(Gen2)

Runway Gen2に搭載されている**Motion Brushは、画像をブラシで撫でるだけで動かせる**という革新的な機能です。

AIで動画生成すると、全体にノイズと揺れが不自然に入ることも多いと思いますが、この機能ではシーンの中の部分を指定できます。

まだ人間の細かい動きなどは苦手で、上手くいく対象は限定されますが、文章・画像の次は生成AI動画が来るということを実感させられる機能です。

下例では、ブラシで手に持つレモンが上方向へ動くように指定しました。ブラシは5つまで、それぞれにXYZの動きとノイズを指定できます。

[Camera Motion]ボタンからズームイン・アウトやロール、パンニングなどのカメラワークも指定できます。

海、波、揺れる葉、川など、自然系の画像とは相性がいいようです。

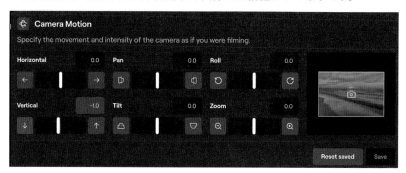

Style reference（Gen1）

　Runway Gen1に搭載されている**Style referenceは、アップロードした映像のスタイルを変更できる機能**です。

　クラシックな絵画スタイルからモダンなデザインまで、幅広いスタイルの中から選択して適用できて、プロンプト指定もできます。下例は「Turn the dancing woman into a space alien」（踊る女性を宇宙人に変えて）と指定したものです。

Color Grade(LUT)

Color Grade (LUT)は、カラーグレーディングをプロンプトで実現できる機能です。

下例では「The golden hours」と入れたところ、確かにゴールデンアワーの雰囲気を演出してくれました。Lutとしてcubeファイルで書き出しできるので、映像編集ソフトへ持っていって使えます。きっと少し先の未来には、映像編集ソフトでもプロンプトでカラーグレーディングする時代がくるということを実感できる機能です。

3-6

SOUNDRAW

Soundrawとは

Soundraw.ioは、AIを活用してカスタマイズ可能なロイヤリティフリーの音楽を生成するツールです。特にビデオクリエイターやアーティスト向けに設計されており、利用者はムード、ジャンル、長さを選択することで、自分のプロジェクトに合った曲を生成することができます。

AIで生成する音楽サイトが多い中、クオリティの高さが光っていて、いろいろなキーワード＝ムードがあるので、無数の組み合わせができるのは、音楽にこだわりたい方にはオススメです。

Soundrawの特徴は、使用者は生成した曲に対して永久的なライセンスを持ち、著作権の心配なく利用できる点。これは映像制作にはとても嬉しいポイントです。

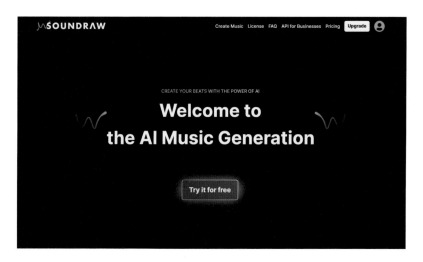

SOUNDRAWの料金プラン

　無料プランは無制限に曲の生成を試せますが、ダウンロードするには有料のクリエイタープランが必要です。ロイヤリティフリーの永久ライセンスとして、ソーシャルメディア、企業ビデオ、ウェブ広告から、TVやラジオのコマーシャル、ポッドキャスト、ゲーム、アプリなど、個人および商業目的で利用できます。

　BGMを作成したい場合はクリエイタープラン、生成した曲に自身の歌をのせてストリーミング配信サービスなどで販売したい方には、アーティストプランが用意されています。

　ただし、生成した楽曲を販売したい場合は規定がありますので、詳細はサイトで確認してください。

項目	Free	Creator Plan	Artist Plan
サービス名称		SOUNDRAW	
提供会社		SAUNDRAW社	
公式URL		https://soundraw.io/	
料金	無料	$16.99 /月	$29.99/月
備考	・無制限で曲を生成することが可能	・映像のBGMとして使用可能 ・ダウンロード無制限 ・ロイヤリティフリー ・コピーライト不要 ・商用利用可能	・生成した曲にボーカルをのせて曲を作ることが可能 ・ダウンロードは30/月可能 ・ストリーミング配信サービスで販売可能 ・ロイヤリティフリー ・永久ライセンス

※2024年2月時点
　内容は変更になる場合があります。最新情報はウェブサイトでご確認ください
　https://soundraw.io/

3-5-3

SOUNDRAWの使い方

　SOUNDRAWの操作は直感的です。

　まず曲の長さとテンポを選択。曲の長さを10秒から5分まで設定し、テンポは「Slow」「Normal」「Fast」から選択できます。

　次に曲のジャンルやムード、テーマを選択します。ジそれぞれサムネイルで表示されるのでイメージしやすくなっています。

選択した内容に併せて15種類の曲が作成されます。もっと作成したけれ
ば、画面下部にある「さらに音楽を作成する」ボタンを押します。

　お気に入りの曲が見つかったら、カスタマイズしていきます。
　曲を選択すると、4小節ごとに曲調を選択できるボタンが表示されて、曲調
のEnergy(エネルギー)をカスタマイズできます。
　[Quiet(静かな)][Intense(激しい)][Mid(中間)][Extreme(過激!)]を
選ぶと、曲調が変化します。再生しながら変更できるので、自分の欲しい雰囲
気にアレンジしましょう。

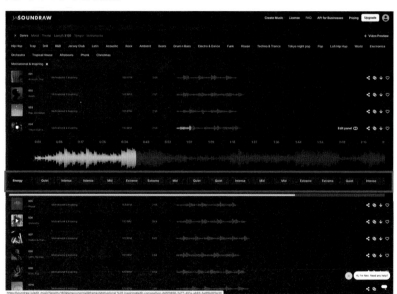

[Edit panel]をオンにすると、もっと細かいアレンジができるようになります。メロディーやベース、ドラムなど、それぞれの強弱はブロックをクリックすして、色の濃さで調整します。各楽器のアレンジは、さすがAI、人の思いつかないようなものもよく出てくるので、新鮮だったりヒントになったり。

　何より、映像クリエイターにとっては、映像に合った曲を探したり、曲がかぶってしまったりという苦労がなくなるのも嬉しいところです。

Stable Audio

Stable Audioとは

　画像生成AIのStable Diffusionを開発したことで知られる英国企業 **Stability AIが、2023年9月にスタートした音楽生成AIサービスがStable Audio**です。

　テキストプロンプトから音楽やサウンドエフェクトを生成します。

　大量のオーディオデータを学習することで進化していくので、画像生成がこの1年でどれほどの進化を遂げたかを考えると、今後の展開が楽しみです。

　気になる学習データは、ストックオーディオサービスのAudioSparxと提携し、同社が所有する80万個のオーディオデータを使っており、権利的にクリアであるとのことです。

　スタート当初はサイトがダウンするほどの注目度でした。とりあえず、無料版から試してみてもいいかもしれません。

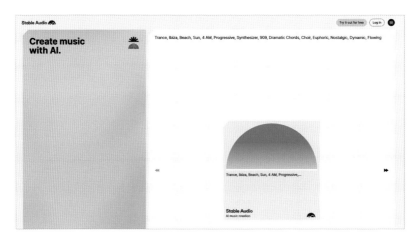

Stable Audioの料金プラン

　無料版が生成できるのは最長45秒、毎月20トラックまで、個人および非営利プロジェクトで使用するオーディオを生成できます。

　Pro版は最長90秒、毎月500トラックまで、商用プロジェクトや音楽リリースに使用できるオーディオを生成できます。

　さらにスタジオ、マックス、エンタープライズライセンスなどが用意されています。

項目	Free	Pro	Studio	Max
サービス名称	Stable Audio			
提供会社	Stability AI社			
公式URL	https://www.stableaudio.com/			
料金	無料	$11.99／月	$21.99/月	$89.99/月
トラック数	20/月	500/月	1350/月	4500/月
トラックの長さ	最大45秒	最大90秒	最大90秒	最大90秒
ライセンス	個人ライセンス	クリエイターライセンス	クリエイターライセンス	クリエイターライセンス

※2024年2月時点
　内容は変更になる場合があります。最新情報はウェブサイトでご確認ください
　https://www.stableaudio.com/

Stable Audioの使い方

　プロンプトには希望のジャンルや具体的な楽器、ムードやテーマ、ジャンル、説明的なフレーズ、さらにBPMでテンポを指定します。

　オススメはシンセ系。テクノやプログレッシブトランスなど、下に紹介したPrompt Libraryにも多めに揃えてあるのでイチオシという感じです。ギターやドラムなど生楽器の音色やグルーブはまだv1という感じですが、現在v6のMidjourneyのv1時代を思えば、今後の飛躍に期待大です。

　プロンプトは[**Prompt Library**]から選ぶこともできます。

　サンプルを再生して、クリックして適用するとプロンプトが入力されるので、そこから内容を調整することもできます。

　無料プランの場合、選択できる項目は限られますが、SeedやPrompt strength(プロンプトの強度)などは設定可能です。

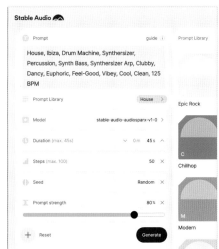

ユーザーガイドでは、プロンプトの例と生成されたトラックを視聴できます。音楽の生成にはできるだけ詳細を記載するよう説明してあり、希望を細かく伝える方が結果は良好な場合が多いようです。

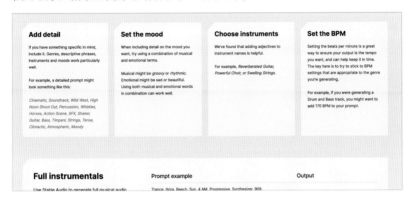

Stable Audio はサウンドエフェクトの生成にも使用できます。サンプルには花火や通り過ぎる車の音、爆発音などがありました。

試しに、プロンプト「Fanfare Ta Da 」3秒などで生成すると、面白い結果を得ることができました（"Ta Da"は、英語で何かを華々しく発表したり、大きなサプライズのときに使われる表現。日本語だと「ジャーン!」的なSE）。

現段階でSEのプロンプトは詳しいものよりもシンプルで単語が少ない方がイメージに近いものが生成できるようです。

映像編集ではぴったりのSEを見つけるのに苦労することも多いもの。シーンにぴったりの欲しい音をすぐに生成できるようになる日も近そうです。

あとがき

本書を最後まで読んでいただき、ありがとうございます。
どんどん進化するAIパワーは、実際に使ってみると発見の連続です。
そのスピードは半端なく、ほんの数ヶ月の間にも
「こんなこともできるようになったの!?」と、わくわくしながら執筆しました。
そして、質の高い質問を生み出すことの大切さも再認識しました。

AIとの関係で重要なことは、質の高いプロンプト＝「入口の質問」と、
出力されたAIの情報から何を選択するかを決める選択＝「出口の決断」です。
人間にしかできない入口と出口の重要な役割のスキルを、
ChatGPTのような相棒と壁打ちしながら磨いていきたいと思います。

最後に、本書の制作にご協力くださった
アドビ株式会社の吉原淳さま、齊藤葉子さま、
ブラックマジックデザインの岡野太郎さま、ミュージシャン沖山優司さま、
アートディレクター安斎ローランさまに心より感謝申し上げます。
また、執筆の際、多くのアドバイスをくれた娘の優月にも感謝します。
そして、本書の編集を担当してくださったソシム株式会社の平松さまにも
心よりお礼申し上げます。

この本がAIをもっと使いこなすきっかけとなり、
皆様のクリエイティビティに新たな価値を創造することを心から願っています。

PROFILE

Adobe Community Expert

DaVinci Resolve Certified Trainer

河野　緑　KONO MIDORI

オフィス・ユニコ代表／映像クリエイター／
Premiere Proほか映像編集ソフト講師／
Adobe Community Expert ／ DaVinci Resolve認定トレーナー
グラスバレー日本橋セミナールームを運営後に独立。オフィス・ユニコを設
立し、映像編集講座の企画・運営、コンテンツ作成、トレーニング書籍の企
画・執筆などを手掛ける。AdobeMAXやYouTube Creators camp、CC
道場など数多くのイベントでも登壇の経験を持つ。Premiere Pro、After
Effects、Grass Valley EDIUS Pro、DaVinci Resolveなど、さまざまな映
像編集ソフトを自在に操り、企業や個人のWeb動画やPV作成も行っている。
放送局や企業・教育機関向けのセミナー講師として招聘されることも多
く、オーダーメイドの講義を開催。初心者にもわかりやすく丁寧な講義は好
評を呼んでいる。

[HP] https://www.office - unico.net
[X] @midori.unico
[Facebook] @OfficeUnico

AI時代のクリエイティブ

AIの操り方とプロンプト作成のコツがわかる本

2024年3月29日　初版第1刷発行

著　者　　　　河野 緑

装丁・本文デザイン　Power Design Inc.

資料協力　　　アドビ株式会社
編集制作　　　ソシムデザイン編集部

発行人　　　　片柳 秀夫
編集人　　　　平松 裕子

発　行　　　ソシム株式会社
https://www.socym.co.jp/
〒101-0064
東京都千代田区神田猿楽町1-5-15猿楽町SSビル
TEL：03-5217-2400（代表）
FAX：03-5217-2420

印刷・製本　　シナノ印刷株式会社

定価はカバーに表示してあります。
落丁・乱丁本は弊社編集部までお送りください。
送料弊社負担にてお取替えいたします。

ISBN978-4-8026-1449-8
©2024 Kono Midori
Printed in Japan